KB212634

공룡

에밀리 보몽 기획 | 에마뉘엘 파루아시앵 글 | 베르나르 알뤼니·마리 크리스틴 르메이외·이브 르케슨 그림 | 과학상상 옮김
처음 찍은날 2010년 7월 20일 | 처음 펴낸날 2010년 7월 27일
펴낸곳 큰북작은북(주) | 펴낸이 김혜정 | 출판등록 제307-2005-000021호
주소 136-034 서울 성북구 동소문동 4가 75-2 브라다리빙텔 702
전화 02-922-1138 | 팩스 02-922-1146

LES DINOSAURES ET AUTRES ESPÈCES DISPARUES(in the series Pourquoi/Comment)
World copyright © Groupe Fleurus, 2008
Korean translation copyright © 2010, KBJB Publishing Co., Ltd.

This Korean edition was published by arrangement with Groupe Fleurus through Bookmaru Korea Literary Agency.
All rights reserved.

이 책의 한국어판 저작권은 북마루코리아를 통해 Groupe Fleurus와 독점계약한 큰북작은북(주)에 있습니다.
신저작권법에 의하여 한국내에서 보호를 받는 저작물이므로 어떤 형태로도 전재나 복제를 할 수 없습니다.

ISBN 978-89-91963-82-5 (64400)   978-89-91963-80-1(세트)

공 룡

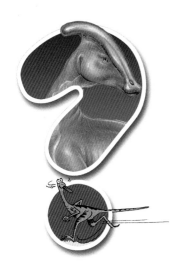

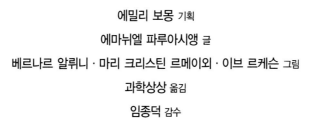

에밀리 보몽 기획

에마뉘엘 파루아시앵 글

베르나르 알뤼니 · 마리 크리스틴 르메이외 · 이브 르케슨 그림

과학상상 옮김

임종덕 감수

큰북작은북

트라이아스
(2억 5천만 년 ~ 2억 5백만 년)
원시 공룡들의 시기. 거대한 몸집의 초식공룡들이 등장함.
지구는 하나의 대륙인 판게아로 되어 있고, 날씨는 사막처럼 건조함.

쥐라기
(~ 1억 3천5백만 년)
공룡들의 천국! 판게아 대륙이 나뉘고 기후가 습해지면서 식물들이 번성함.
초식공룡이 늘어나면서 포식자인 육식공룡도 많아짐. 시조새가 처음 등장함.

에오랍토르

케찰코아틀루스

시조새

세이스모사우루스

케라토사우루스

데이노니쿠스

브라키오사우루스

오비랍토르

백악기
(∼ 6천5백만 년)

꽃과 낙엽수가 등장! 대륙과 산맥, 계절 등이 현재 지구의 모습을 갖춘 시기.
다양한 공룡뿐만 아니라 바다파충류가 번성했고, 다른 많은 동물이 출현함.

암모나이트

티라노사우루스 렉스

모사사우루스

에드몬토니아

트리케라톱스

토로사우루스

파키케팔로사우루스

스테고케라스

스테고사우루스

지질시대에 따른 공룡의 분류

구분		트라이아스 (2억 5천만 년 ~ 2억 5백만 년)	쥐라기 (~ 1억 3천5백만 년)	백악기 (~ 6천5백만 년)
용반목	수각류	후기 : 에오랍토르, 코엘로피시스, 헤레라사우루스	전기 : 크리올로포사우루스 중기 : 메갈로사우루스 후기 : 알로사우루스, 오르니톨레스테스, 케라토사우루스, 콤프소그나투스	전기 : 기가노토사우루스, 데이노니쿠스, 데이노케이루스, 미크로랍토르, 바리오닉스, 수코미무스, 스피노사우루스, 오비랍토르, 카르노타우루스, 카르카로돈토사우루스, 펠레카니미무스 후기 : 갈리미무스, 다스플레토사우루스, 드로미케이오미무스, 라노사우루스 렉스, 마시아카사우루스, 마준가토루스, 밤비랍토르, 벨로키랍토르, 스트루티오미무스, 알베르토사우루스, 오르니토미무스, 트로오돈
	용각류	전기 : 안키사우루스, 후기 : 마소스폰딜루스, 플라테오사우루스	후기 : 디크라에오사우루스, 디플로도쿠스, 마멘치사우루스, 브라키오사우루스, 브론토사우루스, 세이스모사우루스, 아파토사우루스	전기 : 레바키사우루스, 아마르가사우루스 중기 : 아르헨티노사우루스 후기 : 라페토사우루스, 살타사우루스, 암펠로사우루스, 티타노사우루스
조반목	조각류	후기 : 레소토사우루스, 피사노사우루스	후기 : 헤테로돈토사우루스	전기 : 오우라노사우루스, 이구아노돈, 힙실로포돈, 후기 : 마이아사우라, 사우롤로푸스, 에드몬토사우루스, 친타오사우루스, 코리토사우루스, 파라사우롤로푸스, 하드로사우루스
	검룡류		후기 : 스테고사우루스, 켄트로사우루스	
	각룡류		각룡+곡룡 (티레오포라) 전기 : 스쿠텔로사우루스 후기 : 스켈리도사우루스	후기 : 미크로케라톱스, 스티라코사우루스, 카스모사우루스, 토로사우루스, 트리케라톱스, 펜타케라톱스, 프로토케라톱스
	곡룡류			전기 : 폴라칸투스, 힐라에오사우루스, 후기 : 노도사우루스, 안킬로사우루스, 에드몬토니아, 에우오플로케팔루스
	후두류			후기 : 스테고케라스, 스티기몰로크, 파키케팔로사우루스, 호말로케팔레
기타		조룡류 – 전기 : 에리트로수쿠스 　　　　후기 : 라고수쿠스 어룡 – 전기 : 플라코돈테스 　　　　후기 : 노토사우루스	익룡 – 후기 : 시조새, 프테로닥틸루스 어룡 – 후기 : 리드시크티스, 옵탈모사우루스, 이크티오사우루스, 플레시오사우루스, 플리오사우루스	익룡 – 후기 : 케찰코아틀루스, 프테라노돈 어룡 – 후기 : 모사사우루스, 엘라스모사우루스

공룡의 종류

용반목 : 도마뱀과 비슷한 골반 구조를 가진 용반목은 크게 초식공룡과 육식공룡으로 나뉘어요.

　　수각류 : 유일한 육식공룡이에요.　　　　　**용각류** : 목과 꼬리가 긴 것이 특징이에요.

조반목 : 조류(새)와 비슷한 골반 구조를 가진 조반목은 다양한 초식공룡을 포함하고 있어요.

　　조각류 : 앞발이 뒷발보다 짧고 가끔 네 발로 걷기도 했어요.

　　검룡류 : 몸집이 큰 네 발 초식공룡으로 머리가 작고 등에 삼각형 모양의 골판이 있어요.

　　각룡류 : 뿔 공룡으로 코 주위에 뿔이 있고, 둥근 프릴이 달려 있어요.

　　곡룡류 : 머리와 등에 아주 튼튼한 갑옷을 입은 것처럼 피부가 단단했어요.

※ **공룡**은 7차 개정 과학 교과과정 중에서 초등4 「화석을 찾아서」, 중등2 「지구의 역사와 지각변동」과 연계되어 있습니다.

차 례

과거의 발견

1677년 영국의 한 학자가 땅속에 묻혀 있던 거대한 뼈를 발견했어요. 그 크기에 놀란 학자들은 아마도 매우 큰 코끼리의 뼈일 거라고 생각했지요. 그 당시에는 누구도 공룡처럼 커다란 동물이 있으리라고는 상상조차 하지 못했거든요.

그런데 또 다른 발견이 이어졌어요. 1842년 영국의 고생물학자 리처드 오언은 지구에서 사라진 파충류의 한 종류일 것이라고 결론을 내림으로써 큰 반향을 불러일으켰어요. 오언은 '공룡'이라는 이름을 처음 지어 붙였어요.

고생물학은 어떻게 탄생하게 되었을까요?

주로 화석을 통해 예전에 살았던 동물을 연구하는 이 학문은 16세기 초 프랑스의 동물학자 조르주 퀴비에에 의해 탄생했어요. 그는 자연에서 발견한 화석을 분석하고, 그것이 멸종 동물의 뼈라는 사실을 최초로 밝혀냈지요. 하지만 리처드 오언에 의해 공룡의 존재가 알려지면서 비로소 고생물학(정확히 척추고생물학이라고 함)은 사람들에게 알려지게 되었어요.

우리는 어떻게 공룡의 뼈를 볼 수 있을까요?

어떤 뼈는 가루가 되어 사라지지 않고 화석의 형태로 남아 있어요. 뼈가 화석이 되기 위해서는 몇 가지 조건이 맞아야 해요. 동물이 죽어서 호수나 강 바닥처럼 깊은 곳에 잠긴 채 진흙에 묻힌 뒤 오랜 세월이 흘러 그 위에 모래가 쌓이고 압력이 가해지면 뼈는 더 이상 풍화 작용을 하지 않아요. 그러다가 뼈들이 맞닿아 있는 암석들로 인해 조금씩 암석화되면서 돌덩이처럼 변하지요. 그것이 바로 화석이에요! 마찬가지 원리로, 진흙 대신 모랫더미니 화산재에 묻히더라도 뼈는 화석이 될 수 있어요.

어떻게 화석이 땅 위로 올라오게 될까요?

공룡이 묻힌 호수의 물이 마르

알이 화석이 되기도 하고, 발자국이 찍힌 모양이나 동물의 몸을 뒤덮은 진흙이 돌로 굳어지면서 화석이 되기도 했지요. 또한 곤충은 호박 화석이나 동물 똥에 갇힌 채 화석이 되기도 했어요.

17세기부터 발견된 이 거대한 뼈는 학자들을 공포에 떨게 했어요. "혹시 괴물이 아닐까?" 하면서 학자들은 당황했지요. 그때 영국의 고생물학자인 리처드 오언이 말했어요. "이것은 괴물이 아니라, 공룡이랍니다."

왜 화석의 종류는 그처럼 다양할까요?

화석의 종류는 시대에 따라 달라요. 어떤 것은 완전히 화석화된 반면에, 비교적 최근의 것들은 아직 뼈의 형태를 갖고 있어서 더 부드러워요. 동물의

고, 비바람이 그 표면을 조금씩 깎아내리면 마침내 화석의 일부분이 빛을 보게 돼요. 때로는 지층이 상승하거나 산맥이 만들어지는 과정에서 화석이 땅 위로 올라올 수도 있어요. 물론 수백만 년이 걸리는 일이지요.

어머나!

1977년 시베리아에서 아기 매머드가 장기까지 온전한 상태로 발견되었어요. 1만 년보다 더 오랜 기간 동안 땅속에서 꽁꽁 언 채 보존되어 있었던 거예요. 정말 굉장한 발견이었답니다!

어떻게 공룡알이 화석이 될 수 있었을까요?

공룡알이 화석이 되려면 먼저 모래나 진흙에 파묻혀 압축되는 과정을 거쳐야 해요. 그렇기 때문에 대부분 껍질이 부서져서 조각 난 상태로 발견되는 경우가 많지요. 하지만 스무 개 정도의 알이 모여 있는 둥지가 발견되기도 했고, 알에서 깨어나지 못한 공룡 새끼가 발견된 때도 있어요.

화석이 된 공룡알이 어떤 공룡의 것인지 어떻게 알 수 있을까요?

공룡알 주변에서 공룡 뼈 화석이 함께 발견된다면 그 답을 찾기는 어렵지 않아요. 하지만 그런 경우가 아니라면 확실히 알기는 어려워요.

왜 고생물학자들은 공룡 발자국을 발견하고 싶어할까요?

공룡의 발자국은 학자들에게 매우 소중한 정보가 될 수 있어요. 공룡은 두 발 또는 네 발로 걷잖아요? 그러니까 발자국의 깊이를 통해 공룡의 몸무게와 크기를 짐작할 수 있답니다. 발자국 간격을 보면 공룡의 이동 속도뿐만 아니라 꼬리를 땅에 끌면서 다니는지 아닌지도 알아낼 수 있어요.

발굴지역은 어떻게 결정할까요?

지층을 연구하는 지질학자들은 어떤 지층에서 화석이 잘 만들어지는지 알기 때문에 그런 곳을 발견하려고 탐사를 거듭해요. 일반적으로 점토층이나 사암, 석회암층인 경우가 많지요. 때로는 삐죽하게 튀어나온 공룡의 뼈가 발견되거나

거대한 발자국 모양이 저절로 드러나는 경우도 있어요.

어떻게 공룡의 뼈가 땅 위로 나오게 될까요?

그것은 아주 오랜 시간과 세심한 노력을 필요로 하는 작업이랍니다. 공기에 노출된 뼈는 순식간에 풍화될 수 있기 때문이에요. 그래서 고생물학자들은 먼저 삽으로 땅을 파고 곡괭이 등을 이용하여 발굴 작업을 해요. 땅을 파는 일은 1cm씩 천천히 조심스럽게 이루어지고, 뼈가 묻힌 부분에 가까워지면 끌, 긁개, 작은 붓 등을 사용하며 마지막 단계에서는 가느다란 바늘을 사용하지요. 그뿐 아니라 항상 뼈 주변의 돌들을 채집할 준비가 되어 있어요. 그 안에 뼈 조각이 섞여 있을 수도 있으니까요. 발굴이 마무리되면 붓으로 먼지를 제거하고 강화제를 발라 잘 보존

고생물학자들은 그러한 문제의 뼈 조각들을 세심하게 관찰한 뒤에 뼈를 놓을 위치를 결정해요. 그때 지금까지 축적된 동물에 관한 지식이 총동원되지요. 때로는 퍼즐을 완성하기 위해 사라진 뼈 조각을 대신할 복제된 뼈를 만들기도 한답니다.

자연사박물관에 가면 이렇게 복원된 공룡의 뼈를 볼 수 있어요. 그러한 결과물을 얻기 위해서는 정말 많은 사람들의 부지런한 노력이 필요하지요!

박물관에서 보는 공룡의 뼈는 어떻게 조립된 걸까요?

뼈를 맞추는 과정은 복잡한 퍼즐과도 같아요. 공룡의 뼈에 일일이 번호를 매겨 놓아도 어디에 놓아야 할지 알 수 없는 조각이 나오게 마련이거든요.

하지요. 공룡의 뼈를 조사하기 위해 연구실로 가져가기 전에 다시 배치할 것에 대비하여 사진을 찍고 번호를 매겨요. 그리고 나서 신문지나 알루미늄으로 뼈를 감싼 다음 다시 한 번 석고로 덮어서 운반 도중에 깨지는 것을 방지한답니다.

어머나!
과거의 고생물학자들은 잘못된 위치에 공룡의 뼈를 놓을 때가 많았어요. 하지만 지금은 그때보다 훨씬 정확해졌어요. 그래도 여전히 완벽하지는 못해요!

2억 5천만 년 전에는……

- 공룡이 등장하기 바로 직전인 중생대 초기의 지구 모습은 지금과는 전혀 달랐어요. 모든 대륙이 하나로 합쳐진 '판게아'라는 초대륙이 존재하고 있었어요.

- 원시 지구의 날씨는 덥고 건조했어요. 계절 구분이 없고, 극지방 주변에도 얼음이 얼지 않았지요. 그냥 머릿속으로 상상만 해 보아도 지금의 생활과 얼마나 달랐을지 짐작이 가지요?

- 판게아 대륙의 중앙 부분은 넓은 사막이 차지하고 있었어요. 그래서 식물들은 주로 바닷가나 강가 혹은 늪지대에서 번성했어요.

왜 중생대에는 식물들이 화려하지 않았을까요?

중생대 초기에는 꽃이 없었어요. 꽃은 그로부터 한참이 지난 중생대 후기인 백악기, 그러니까 지금으로부터 약 1억 3천5백만 년 전에 등장했어요. 중생대 초기에는 풀도 없었어요. 대신 고사리류와 이끼, 지의류와 지금은 거의 사라진 식물들이 땅을 뒤덮고 있었지요.

나무는 어떤 모습이었을까요?

나무들 역시 꽤나 특이한 모양을 하고 있었어요. 그 당시 나무들은 크게 세 종류로 나눌 수 있어요. 하나는 두꺼운 원통형 줄기에 얼룩 무늬 잎이 달린 소철류이고, 다른 하나는 깃털 모양이나 꼭대기 부분에 우산 모양의 잎을 지닌 침엽수, 그리고 지금보다는 작지만 부채 모양의 잎을 가진 은행나무류 등이 있었어요. 한번 상상해 보세요. 참으로 재미있는 풍경이지요?

왜 숲 속에서 길을 잃기 쉬웠을까요?

그 당시 숲을 온통 뒤덮고 있는 고사리류는 그리 만만히 볼 상대가 아니었어요. 거대한 크기에 굵은 줄기를 가진 고사리류는 거의 나무와 다름없었거든요. 뿐만 아니라 거대한 크기의 쇠뜨기도 있었지요. 그 옛날 숲 속은 정말이지 어디가 어딘지 알 수 없는 미로 같은 모습이었답니다.

중생대 초기인 트라이아기(삼첩기)의 지구는 혹독한 사막 같았고, 그 안에 몇 개의 오아시스가 있었어요. 바로 그 오아시스 주변에서 거대한 식물들이 자라났어요.

바다는 어떻게 여러 지류로 나뉘었을까요?

중생대 초기의 지구에는 단 하나의 대륙인 '판게아'와 단 하나의 바다인 '판탈라사'만이 존재했어요. 그러다가 지금으로부터 2억(1억 8천만) 년 전쯤 지각이 이동하면서 판게아가 두 개의 거대한 대륙으로

나뉘었지요. 지금의 유럽과 아시아, 북아메리카를 이루는 북반구 대륙인 '로라시아'와 남아메리카와 아프리카, 인도, 오스트레일리아를 이루는 남반구 대륙인 '곤드와나'였어요. 그리고 이 두 대륙 사이에 '테티스'라는 바다가 생겼어요. 그러다가 1억 5천만 년 전에 두 대륙이 또다시 나뉘고, 바다 역시 대륙들 사이사이에 자리잡게 되었지요. 그때 형성된 대륙들과 바다들이 지금 우리가 사는 지구의 모습이에요.

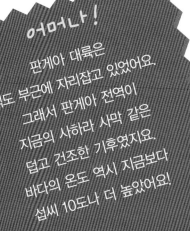

어머나!

판게아 대륙은 적도 부근에 자리잡고 있었어요. 그래서 판게아 전역이 지금의 사하라 사막 같은 덥고 건조한 기후였지요. 바다의 온도 역시 지금보다 섭씨 10도나 더 높았어요!

신기한 동물들

- 중생대 초기에 살았던 생물들의 모습을 확실하게 밝혀내기는 매우 어려워요.

- 커다란 바퀴벌레와 전갈과 갈퀴거미, 다족류(다지류라고도 함) 등이 4억 년 전부터 숲 속을 점령하고 있었지요. 거대한 양서류들은 물가에서 살았어요. 3억 2천만 년 전에 등장한 파충류들 역시 그 수가 점점 늘어나고 있었어요.

- 하지만 그때까지만 해도 공룡이나 도마뱀, 악어와 포유류는 아직 등장하지 않았어요.

어떻게 메가네우라는 숲 속을 공포로 몰아넣었을까요?

메가네우라(큰잠자리)는 잠자리의 조상이에요. 지구에 등장한 곤충들 가운데 가장 큰 것으로 알려져 있지요. 메가네우라가 양 날개를 펼치면 그 폭이 70cm에 달했는데, 그것은 작은 매와 비슷한 정도였어요. 그런 메가네우라가 나뭇가지 사이를 붕붕거리며 날아다니면 다른 동물들에게 두려움을 주기에 충분했답니다. 하지만 이 커다란 잠자리는 곤충만 잡아먹었어요.

왜 물고기들은 '발가락'을 가지고 있었을까요?

물론 걷기 위해서였어요! 3억 7천만 년 전에 등장한 아칸토스테가는 지느러미 부분에 각각 여덟 개의 발가락이 달린 다리를 가지고 있었어요. 사족동물 중 하나인 이크티오스테가는 3억 6천5백만 년 전에 등장했고, 일곱 개의 발가락이 있었지요. 이크티오스테가는 멸종된 양서류의 한 종으로 단단한 땅을 돌아다닐 수 있었던 최초의 동물이에요. 양서류와 파충류 혹은 포유류는 바로 이런 네 발 달린 동물의 후손인 셈이에요.

왜 옛날 양서류는 요즘 개구리 같은 귀여운 모습이 아닐까요?

부드러운 알이 아니라 껍질에 싸여 있어서 더운 공기에서도 살아남을 수 있고 태어날 새끼에게 필요한 수분이 보존되는 알을 낳았지요. 그런 특별한 양서류들은 물가에서 벗어나 단단한 땅으로 진출하게 되었어요. 그렇게 해서 파충류가 등장한 거예요.

중생대 초기에는 별나게 생겼지만, 그리 위험하지 않은 생물들이 살고 있었어요.

파충류는 어떻게 등장하게 되었을까요?

3억 5천만 년 전 몇몇 양서류는 뜨거운 햇볕에 더 잘 견디고 더운 공기에 피부가 마르는 것을 방지하기 위해 비늘을 갖기 시작했어요. 그리고 이전의

그 당시 양서류는 물고기의 후손으로 긴 몸통과 짧은 다리, 긴 꼬리뿐만 아니라 과거에 지녔던 지느러미의 흔적까지 갖고 있었어요. 그래서 개구리보다는 악어의 생김새를 더 닮았지요. 3억 년 전에 나타난 에리옵스는 몸 길이가 2m로 물고기만 먹으며 살았어요.

어머나!

2억 5천만 년 전에 살았던 다족류들은 정말로 많은 다리를 가지고 있었어요! 2억 8천만 년 전에 등장한 역사상 가장 큰 파충류인 아르트로플레우라는 몸 길이가 2m나 되었어요.

파충류의 지배

3억 2천만 년 전에 등장한 파충류는 온순한 작은 초식 도마뱀이었어요. 그러다가 크기가 점점 커지고, 더 강력한 힘을 갖게 되면서 땅과 바다를 장악하게 되었지요.

3억 년 전에 새로운 무리가 등장했어요. 포유류형 파충류인 이 포유류의 조상은 곧 대륙 전체로 퍼져 나갔어요.

마지막으로 2억 5천만 년 전에 엄청나게 강력한 파충류가 나타났어요. 바로 '조룡류' 혹은 '지배자 파충류'가 등장한 거예요.

왜 힐로노무스는 두려운 존재가 아니었을까요?

힐로노무스는 초기 파충류 가운데 하나로 알려져 있어요. 몸 길이는 20cm밖에 되지 않았고, 턱이 매우 작았어요. 입을 크게 벌리지 못했기 때문에 벌레를 꿀꺽 삼킨 것으로 만족해야 했어요.

왜 커다란 파레이아사우루스는 무섭지 않을까요?

힐로노무스의 뒤를 잇는 파레이아사우루스는 몸 길이가 2.5~3m쯤 되었어요. 등에는 뼈로 이루어진 등판이 있고, 머리는 스스로를 보호하기 위해 끝이 뾰족하게 발달되어 있었지요. 하지만 이런 인상 깊은 겉모습과는 달리 파레이아

사우루스는 그다지 위협적이지 않았어요. 초식동물인데다 이동 속도가 매우 느렸거든요.

왜 디메트로돈은 무서웠을까요?

디메트로돈은 포유류형 파충류의 시대를 열었어요. 턱이 앞쪽으로 발달했고 분명한 근육질 형태를 가지게 되었지요. 날카로운 이빨과 3.5m의 몸 길이, 등에 커다란 등지느러미를 가진 이 육식동물을 보면 소름이 끼칠 수밖에 없었어요.

에리트로수쿠스는 첫 번째로 등장한 조룡류예요. 이 육식동물은 5m의 몸 길이에 강력한 턱과 커다란 머리, 그리고 민첩한 다리를 가지고 있었지요. 마침내 지배자 파충류의 시대가 찾아온 거예요.

왜 오르니토수쿠스라는 이름을 갖게 되었을까요?

에리트로수쿠스와 사촌격인 오르니토수쿠스는 뒷발로 지지해 일어설 수 있는 최초의 파충류였어요. 뒷발에 비해 앞발은 크기가 작았지요. 이런 모습은 공룡의 등장이 머지않았음을 알리는 신호였답니다.

는 몸무게가 많이 나갔을 뿐만 아니라 머리도 크고 두께가 10cm가 넘는 두꺼운 뼈를 가지고 있었어요. 하지만 사실 모스콥스는 겉모습은 그렇게 거대해도 온순한 초식동물이었어요.

모스콥스는 어떻게 날렵할 수 있었을까요?

이 포유류형 파충류는 몸의 옆쪽이 아니라 아래쪽으로 난 다리로 걸어다닌 최초의 동물이었어요. 그 때문에 5m라는 거대한 몸집에도 불구하고 빨리 이동할 수 있었지요. 모스콥스

어머나!

가장 거대한 포유류형 파충류는 고르고놉시안이었어요. 곰만한 크기의 이 거대한 포식자는 칼 모양의 날카로운 이빨이 나 있었는데, 특히 송곳니는 12cm나 되었다고 해요.

공룡의 등장

- 공룡은 아직 정확한 날짜를 알 수는 없지만, 2억 2천5백만 년 전쯤 지구에 처음 나타났어요.

- 공룡은 어떻게 등장했을까요? 조룡류에서 진화한 것으로 여겨지는 공룡은 중생대의 시작과 함께 지구를 지배했어요.

- 몸이 작고 가벼운 초기 공룡들은 그리 대단한 위력을 지니지는 못했어요. 하지만 미래의 티라노사우루스나 디플로도쿠스의 신체적인 특징을 이미 일부는 지니고 있었지요.

왜 공룡과 가장 가까운 조상은 우리가 상상하는 모습이 아닐까요?

공룡의 조상은 조룡류 가운데서도 그리 크지도 무섭지도 않은 라고수쿠스였어요. 몸 길이는 입부터 꼬리까지 50cm 정도로 토끼와 비슷했고, 몸무게는 100g밖에 나가지 않았어요! 이 작은 육식동물은 주로 곤충을 잡아먹었어요. 하지만 미래에 등장할 공룡들처럼 뒷다리보다 짧은 두 개의 앞다리를 가졌으며, 두 다리로 걷거나 뛸 수 있었어요.

초기의 공룡들은 어떻게 생겼을까요?

1991년 아르헨티나에서 발견된 에오랍토르는 '새벽의 약탈자'라는 뜻으로 지금까지 알려진 공룡들 가운데 가장 오래된 공룡이에요. 키가 1m에, 몸무게는 11kg 정도였지요. 에오랍토르는 작은 파충류나 곤충을 사냥했어요. 라고수쿠스처럼 두 발을 이용하여 뒷다리로 서서 다녔으며, 매우 빠르고 민첩했어요. 하지만 에오랍토르의 골격은 라고수쿠스와는 전혀 달랐어요. 에오랍토르는 진짜 공룡이었으니까요.

공룡의 골격은 어떻게 생겼을까요?

공룡의 골격도 조상들과 마찬가지로 다리가 몸통에 수직 방향으로 위치해 있었어요. 그런 특징은 큰 힘을 들이지 않고 움직이는 것을 가능하게 해 주었어요. 엉덩이뼈는 더 작아져서 민첩하게 움직일 수 있었지요. 그런 점이 바로 다리가 몸통에 수평으로 달린 원시 파충류들과 다른 점이었어요.

에오랍토르는 지금까지 알려진 공룡들 가운데 가장 오래된 공룡이에요. 2억 2천5백만 년 전 트라이아스기 후기에 살았어요.

왜 공룡은 무리 지어 살았을까요?

공룡과 같은 시기에 지구에 등장한 악어와 파충류인 익룡 역시 조룡류로 구분해요. 아직 등껍질 안으로 고개를 넣지 못하는 초기의 거북 역시 무궁형 파충류에 속하지요. 그리고 털 달린 작은 동물들이 등장하면서 포유류의 탄생을 알리게 되었어요.

왜 공룡은 더 빠르고 강력해졌을까요?

2억 5천만 년 전 중생대의 시작과 함께 아직까지 그 이유가 정확하게 밝혀지지 않은 대멸종 사태가 한 차례 있었어요. 그 시기에 무려 90%에 가까운 생물들이 지구에서 사라졌지요. 하지만 살아남은 생물들은 넓은 땅에서 마음껏 세력을 확장할 수 있었어요. 2억 1천만 년 전 트라이아스기에 두 번째 멸종이 있은 뒤에는 완전히 공룡들이 지배하는 세상이 시작되었어요.

어머나!

브라질에서 발견된 공룡의 뼈는 무려 2억 4천5백만 년 전의 것이래요. 중생대가 막 시작된 때랍니다!

공룡은 어떤 동물일까요?

- 파충류인 공룡은 털 대신 비늘이나 깃털을 가지고 있었어요. 또한 난생동물로 알을 낳았어요.

- 공룡은 1억 6천만 년이 넘는 오랜 기간 동안 지구에 존재했어요. 그동안 공룡은 다양한 종류로 진화했고, 많은 개체수를 가지게 되었지요. 고생물학자들은 1,500여 종의 공룡이 살았을 것으로 추측하고 있어요. 그 가운데 700여 종이 우리에게 알려져 있답니다.

- 공룡은 크게 용반류와 조반류로 나눌 수 있어요.

왜 공룡을 두 종류로 구분할까요?

골반의 모양에 따라 구분해요. '파충류의 골반'이라는 뜻의 용반류는 말 그대로 파충류와 비슷한 골반을 가지고 있어요. 골반뼈 중 하부에 세 개의 뼈가 있는데, 그중 하나인 치골이 앞을 향해 있어요. 반대로 조반류는 '새의 골반'이라는 뜻으로 치골이 뒤쪽을 향해 있어요.

해 육식공룡이자 두 발로 걷는 수각류는 티라노사우루스가 가장 유명해요.

왜 용반류가 더 유명할까요?

전체 공룡의 65%를 차지할 만큼 유명한 공룡들이 용반류에 속해 있어요. 용반류는 다시 용각류와 수각류로 구분되지요. 용각류는 초식공룡으로 커다란 몸집에 네 발로 걷는 것이 특징이며, 디플로도쿠스가 대표적인 공룡이에요. 그에 비

왜 공룡에는 초식 혹은 육식공룡밖에 없을까요?

꼭 그렇진 않아요. 풀과 지렁이, 벌레, 또는 작은 파충류나 포유류를 먹고 사는 잡식성 공룡들도 존재했을 것으로 여겨지고 있어요. 물고기를 먹는 공룡도 있었지요.

② ①

③

육식공룡은 몸집이 다 달랐어요.
① 기가노토사우루스
② 알로사우루스
③ 벨로키랍토르

모습만 알 수 있을 뿐 피부색은 드러나지 않으니까요. 오늘날의 파충류가 대부분 초록색이거나 갈색이니까 아마도 공룡 역시 비슷하지 않았을까 짐작하고 있어요. 확실하지는 않지만, 암컷을 유혹하거나 경쟁자들을 위협하기 위해 돌기를 가지고 있었을 거예요. 돌기는 새들의 화려한 볏처럼 다양한 색을 띠었을 거예요.

는 바람에 다시 네 발로 걷게 되었어요. 대부분의 초식공룡들이 그랬답니다.

공룡들의 피부는 어떤 색을 띠었을까요?

확실히 알 수는 없어요. 화석을 보아서는 뼈의

왜 어떤 공룡은 두 발로, 어떤 공룡은 네 발로 걸었을까요?

앞발이 뒷발보다 작은 것은 공룡이 가지는 특징 중 하나예요. 그 때문에 모든 공룡이 두 발로 서서 걸을 수 있었지요. 하지만 몇몇 종류의 공룡은 몸집이 너무 크고 무겁게 진화하

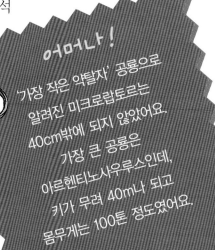

어머나!

'가장 작은 약탈자' 공룡으로 알려진 미크로랍토르는 40cm밖에 되지 않았어요. 가장 큰 공룡은 아르헨티노사우루스인데, 키가 무려 40m나 되고 몸무게는 100톤 정도였어요.

용각류의 경우에는 한번 열을 받으면 커다란 몸집 때문에 완전히 그 열을 발산시킬 수 없었을 거예요. 하지만 그런 몸집 큰 냉혈공룡들과는 달리 작은 육식공룡들의 뼈를 연구한 결과, 따뜻한 피를 가졌다는 사실을 밝혀냈어요. 그 온혈공룡의 후손이 지금의 조류가 되었지요.

공룡은 어떻게 알을 보호했을까요?

예전에는 공룡도 다른 대부분의 파충류들처럼 알을 낳은 뒤에 돌보지 않았을 것이라고 생각했어요. 하지만 알을 품고 있는 공룡의 화석이 발견되면서 그런 생각은 틀린 것으로 밝혀졌지요.

왜 공룡은 영리하지 못했을까요?

공룡은 힘이 세었을지는 몰라도 똑똑하지는 않았어요. 뇌가 매우 작았거든요. 사실 공룡의 뇌는 거북, 도마뱀, 악어 같은 오늘날의 파충류와 크기가 비슷했어요.

공룡의 암컷과 수컷은 어떻게 다를까요?

고생물학자들은 공룡의 발굴 과정에서 다양한 크기의 공룡을 함께 발견하곤 했어요. 처음에는 그것을 다른 종류의 공룡이라고 생각했지만, 계속 함께 발견되는 것으로 보아 수컷과 암컷의 크기가 다르다는 결론을 내리게 되었지요. 티라노사우루스의 경우에는 암컷이 수컷보다 더 컸어요.

공룡은 어떻게 알을 낳았을까요?

이 질문에 대해서는 모든 공룡이 공통적인 특징을 가졌다고 답할 수 있어요. 공룡은 땅을 파서 둥지를 튼 다음에 알을 낳고는 둥글게 쌓아 두었어요.

왜 몇몇 공룡은 온혈동물이었을까요?

공룡은 파충류에 속해요. 그러니까 햇빛에 의해 열을 공급받는 도마뱀처럼 대부분 차가운 피를 가지고 있었을 거예요.

아기 공룡은 어떤 모습이었을까요?

신기하게도 거대한 공룡들도 새끼 때는 작고 귀여운 모습이었지요. 부화하자마자 몸무게는 3kg 정도였고, 크기도

초식공룡들의 모습은 매우 다양
했어요.

① 스테고사우루스

② 트리케라톱스

③ 파라사우롤로푸스

왜 공룡의 알은
그리 크지 않았을까요?

만약 공룡의 알이 더 컸다면 껍질 역시 더 두꺼웠을 테고, 그러면 새끼 공룡은 그 두꺼운 껍질을 깨고 나올 수 없었을 거예요. 공룡 알의 모양은 매우 다양했어요. 마치 소시지처럼 생긴 알도 있었어요.

서 깨어난 새끼들은 포식자로부터 스스로를 보호하기 위해 빠른 속도로 성장했답니다.

40~50cm밖에 되지 않았어요. 새끼 공룡이 그렇게 작을 수밖에 없는 이유는 알에서 부화하기 때문인데, 알의 크기는 평균 45cm 정도로 지금까지 발견된 것들 가운데 가장 큰 알이 60cm 정도였지요. 알에

어머나!

2~3톤이나 되는 커다란 몸집에도 불구하고 스테고사우루스의 뇌는 고작 호두알 크기밖에 되지 않았어요. 가장 영리한 공룡인 트로오돈은 45kg의 몸집에, 뇌는 복숭아씨만했어요. 트로오돈은 엘리트 공룡이라고 할 수 있어요.

25

원시 공룡들

- 중생대는 세 단계로 나뉘어요. 2억 5천만 년 전부터 2억 5백만 년 전까지를 트라이아스기, 2억 5백만 년 전부터 1억 3천5백만 년 전까지를 쥐라기, 그리고 1억 3천5백만 년 전부터 6천5백만 년 전까지를 백악기라고 하지요.

- 트라이아스기는 원시 공룡들의 시대예요. 현재까지 약 50여 종의 공룡들이 밝혀졌어요.

- 용반류는 에오랍토르 같은 공룡 (20쪽과 21쪽을 보세요)으로부터 진화한 초기 공룡이에요. 민첩한 육식공룡들과 함께 커다란 초식 공룡들도 살았어요.

코엘로피시스는 어떻게 공포 분위기를 조성했을까요?

2억 2천만 년 전 북아메리카에서 살았던 코엘로피시스의 겉모습은 그리 특이하지 않았어요. 2.5m의 몸 길이에 몸무게가 45~60kg 정도였고, 긴 꼬리와 길고 가는 목을 가졌어요. 하지만 뼈 속이 비어서 가벼웠기 때문에 두 개의 뒷발을 이용하여 매우 빨리 달릴 수 있었어요. 아주 먼 곳까지 볼 수 있는 시력, 공격하지 않을 때는 S자가 되는 목, 뾰족하고 단단한 이빨 등 모두 초기 육식 용반류의 특징에 딱 들어맞아요. 바로 수각류였답니다.

어떻게 헤레라사우루스는 자기 재주를 숨겼을까요?

헤레라사우루스는 코엘로피시스와 같은 시기에 남아메리카의 아르헨티나에서 살았던 공룡이에요. 가는 목과 메뚜기처럼 긴 다리를 가지고 있어 생김새는 그리 사납지 않았어요. 하지만 공격할 때는 강력한 관절을 가진 턱뼈를 이용하여 입을 크게 벌려서 자기보다 커다란 먹이를 사냥할 수 있었지요. 헤레라사우루스 역시 수각류의 조상이에요.

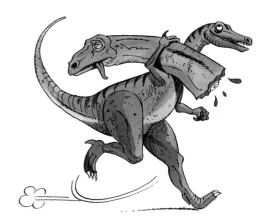

플라테오사우루스는 어떻게 앞선 기술을 가지고 있었을까요?

몸 길이가 8~10m인 이 공룡은 초기 거대한 공룡들 가운데 하나예요. 용각류의 조상이라는 뜻인 프로사우로포드(원시 용각류)라고 부르지요. 플라테오사우루스는 트라이아스기에 자라

건조한 트라이아스기에는 두 종류의 공룡이 공존했어요. ① 헤레라사우루스처럼 작고 날쌘 육식 공룡과 ② 원시 용각류라고 불리는 거대한 초식공룡인 플라테오사우루스가 함께 살았답니다.

또한 손처럼 다섯 개의 발가락이 달려 있었어요. 그래서 발톱이 있는 엄지발가락으로 잎을 뜯을 수 있었어요.

던 가느다란 나무 꼭대기까지 접근할 수 있는 몇 안 되는 공룡 중 하나였어요. 그래서 나무 꼭대기에 달린 잎사귀를 먹을 수 있었지요. 플라테오사우루스는 뒷발로 버티고 서서 촘촘하지 않아 가벼운 척추를 쭉 펴고는 목을 내밀 수 있었어요. 앞발은 손처럼 나뭇가지를 잡는 데 사용했어요.

마소스폰딜루스는 어떻게 식물을 먹었을까요?

마소스폰딜루스는 아프리카와 북아메리카에서 살았던 몸 길이가 4m인 공룡이에요. 길고 유연한 목과 나무 사이를 쉽게 지나다닐 수 있는 아주 작은 머리가 특징이었지요.

어머나!

안키사우루스는 몸 길이가 2m인 작은 원시 용각류로 북아메리카와 아프리카 대륙에서 살았어요. 발견 당시에는 혹시 사람의 뼈가 아닌지 헷갈렸다고 해요.

용각류 공룡들

● 트라이아스기 후기에는 새로운 동물 가족이 나타나서 대륙을 점령하기 시작했어요. 그것이 바로 도마뱀의 발을 가진 용각류 공룡이었어요.

● 용각류 공룡들은 지금까지 지상에 등장한 그 어떤 동물보다도 거대했지요. 가장 작은 것이 8m이고, 큰 것은 58m나 되었어요.

● 용각류 공룡은 초식동물로, 네 발을 이용하여 매우 느리고 무겁게 걸어다녔어요. 거대한 몸집과 기둥 모양의 다리, 긴 꼬리와 긴 목, 그리고 작은 머리와 아주 특이한 모양의 발이 특징이었어요.

용각류 공룡들은 왜 그렇게 컸을까요?

용각류 공룡이 처음 나타났을 때는 날씨가 매우 건조했어요. 그래서 단단한 잎이 달린 영양가가 거의 없는 나무들밖에 자랄 수 없었지요. 그것을 소화시키려면 아주 오랜 시간이 걸렸기 때문에 저장을 위해서 장이 길어졌어요. 그것이 바로 용각류 공룡들이 그토록 거대해진 이유라고 짐작한답니다. 그 뒤로 쥐라기, 백악기가 되면서 날씨가 좀 더 습해지고 그에 따라 더 부드러운 식물들이 자라났어요. 그래서 더 작은 초식동물들이 자랄 수 있게 되었어요.

용각류 공룡들은 어떻게 먹었을까요?

아주 특별한 방법으로 먹이를 섭취했어요. 이빨을 마치 빗처럼 이용하여 나뭇가지를 긁어 모아 단번에 많은 잎사귀를 뜯어먹었지요. 그래서 한 무리의 용각류 공룡들이 지나간 숲에는 먹을 것이 거의 남아 있질 않았어요.

왜 돌멩이를 먹었을까요?

용각류 공룡은 어금니와 같은 기능을 하는 이빨이 없어서 씹는 것이 불가능했어요. 그래서 위에 있는 돌멩이로 대충 삼킨 나뭇잎을 빻아 소화를 도왔어요. 그 때문에 돌멩이가 모두 닳아 없어지면 또다시 돌멩이를 삼켰어요.

용각류 공룡도 프로사우로포드처럼 두 발로 걷는 작은 육식 조룡의 후손이었어요.

만 발 모양은 코끼리와 더 비슷했어요. 평평한 발바닥에는 둥글고 짧은 발톱과 원형 또는 타원형 무늬가 있었어요. 그리고 충격을 흡수할 수 있도록 탄력적인 살이 붙어 있었지요.

왜 용각류 공룡들은 뻣뻣했을까요?

용각류 공룡들은 근육질이었어요! 목부터 꼬리까지 이어지는 척추를 매우 강력한 인대로 지탱했기 때문에 큰 힘을 들이지 않고서도 꼿꼿이 선 자세를 유지할 수 있었지요. 꼬리를 바닥에 늘어뜨리지 않고 자유롭게 양옆으로 흔들 수도 있었어요.

공룡들과는 달리 용각류 공룡들은 도마뱀처럼 다섯 개의 발가락을 가지고 있었어요. 하지

발은 어떻게 생겼을까요?

세 개의 발가락을 가진 다른

어머나!

용각류 공룡들은 생존하기 위해 날마다 적어도 200kg의 나뭇잎을 먹어야 했어요. 하지만 운이 좋은 날에는 그 이상도 먹어 치웠어요!

디플로도쿠스

- 디플로도쿠스는 거대한 몸집의 용각류 공룡으로 유명하지만, 27m의 몸 길이와 10톤의 몸무게, 그리고 5~6m의 키로는 아무런 기록도 남기지 못했어요.

- 하지만 디플로도쿠스의 옆모습은 매우 독보적이었지요. 날씬하고 쭉 뻗은 끝이 보이지 않는 꼬리와 7m나 되는 긴 목에 달린 60cm밖에 되지 않는 작은 머리는 몸집에 비해 정말 특이했답니다.

- 디플로도쿠스는 쥐라기 후기인 1억 4천만 년 전 북아메리카 대륙에서 살았어요.

왜 디플로도쿠스는 머리를 들고 다니지 않았을까요?

디플로도쿠스는 머리를 수직이 아니라 수평 방향으로 유지했어요. 인대가 머리를 들어올릴 만큼 튼튼하지 못했기 때문이에요. 그래서 4m보다 낮은 높이에 있는 풀만 먹을 수 있었어요.

어떻게 그런 몸집에도 몸무게가 가벼웠을까요?

몸 길이가 27m나 되는데도 몸무게가 10톤 정도라면 그리 무거운 것이 아니에요! 뼈가 가볍기 때문에 가능한 일이었지요. 특히 척추는 새의 척추처럼 뼈 속이 비어 있었어요.

왜 디플로도쿠스의 귀는 잘 보이지 않았을까요?

사실 귀가 거의 없는 거나 마찬가지예요. 머리 옆 부분에 작은 구멍이 나 있을 뿐이었지요.

이빨은 어떻게 생겼을까요?

주둥이 앞부분에 난 이빨은 매우 촘촘하고 뾰족한 연필 같은 모양을 하고 있었어요. 그래서 이빨을 마치 빗처럼 이용하여 줄기를 걸러 내고 나뭇잎만을 따먹을 수 있었지요. 이빨이 다 닳아서 없어지면 그 자리에 새 이빨이 돋아났어요.. 살아 있는 동안 계속 새로 돋아나니까 이빨이 빠져 있을 때는 없었답니다!

디플로도쿠스는 먹이를 찾기 위해 끊임없이 북아메리카 대륙의 숲 속을 무리지어 이동했어요.

왜 그렇게 긴 꼬리를 가지게 되었을까요?

디플로도쿠스의 긴 꼬리는 균형을 잡고 조화를 이루는 역할을 했어요. 또한 적의 공격으로부터 자신을 방어하기 위한 채찍 역할도 해 주었지요. 하지만 쉽게 상처를 입을 수 있어서 자주 꼬리를 휘두르지는 않았어요.

물속에서는 압력 때문에 디플로도쿠스의 심장이 뛸 수 없다는 결론을 내렸어요. 그래서 지금은 좀 더 단순하게 숨을 들이쉬고 나서 잠시 저장하기 위한 것이 아닐까 짐작하고 있어요. 디플로도쿠스는 굉장히 훌륭한 후각을 지녔거든요!

왜 코가 이상한 곳에 붙어 있을까요?

디플로도쿠스의 콧구멍은 얼굴 위쪽에, 그러니까 눈보다도 위에 붙어 있어요. 그래서 과학자들은 오랫동안 디플로도쿠스가 물속에 사는 공룡이었을 거라고 생각했지요. 하지만

어머나!

디플로도쿠스가 긴 꼬리를 휘두르며 허공을 가르면 마치 비행기 굉음 같은 소리가 들렸어요. 다른 공룡들한테는 정말 위협적이었지요!

목이 긴 초식공룡들

- 디플로도쿠스과의 공룡들은 긴 목과 채찍 모양의 긴 꼬리, 그리고 연필처럼 생긴 뾰족한 이빨을 가지고 있었어요.

- 디플로도쿠스과의 공룡들은 쥐라기와 백악기를 지나는 동안 온 대륙에 걸쳐 살았어요.

- 디플로도쿠스과의 공룡들 중에는 디플로도쿠스보다 특이한 공룡도 있어요. '땅을 흔드는 도마뱀'이라는 뜻의 세이스모사우루스는 몸 길이가 40~52m나 되었어요. 지금까지 존재한 지상의 동물들 가운데 몸 길이가 가장 긴 것으로 여겨지지요.

세이스모사우루스의 존재는 어떻게 밝혀졌을까요?

세이스모사우루스는 미국의 뉴멕시코 주의 사막을 여행하던 사람들에 의해 우연히 발견되었어요. 전체가 아니라 척추의 일부 화석이 발견되었을 뿐이지만, 그 척추의 크기를 바탕으로 실제 공룡의 크기를 재구성했어요.

마멘치사우루스는 어떻게 다른 기록을 산산조각내 버렸을까요?

중국에서 발견된 이 공룡은 몸 길이가 22m 정도였지만, 그중 목의 길이는 무려 15m나 되었어요. 그렇게 목이 긴 공룡은 없었어요. 기린보다 다섯 배나 더 긴 셈이니까요. 기린의 목

뼈가 7개인 데 비해 마멘치사우루스는 19개였어요. 당연히 균형을 잡기가 매우 어려웠을 거예요. 하지만 다행스럽게도 마멘치사우르스는 꼬리가 길어서 중심을 잡을 수 있었답니다.

왜 아파토사우루스는 '천둥 도마뱀'이라는 별명을 갖게 되었을까요?

'사기꾼 도마뱀'이라는 뜻의 아파토사우루스는 브론토사우루스라고도 불리는데, '천둥 도마뱀'이라는 뜻이에요. 21m의 몸 길이에, 코끼리의 다섯 배인 30톤의 몸무게를 자랑하지요. 하지만 이 온순한 초식공룡도 육식공룡이 성가시게 할 때는 뒷발로 서서 앞발에 체중을 실어 짓밟을 수 있었어

세이스모사우루스 무리가 이동할 때는 주변의 땅이 흔들렸을 거예요. 그들이 나타나면 포식자 공룡들도 재빨리 도망가는 수밖에 없었어요!

을 낮추었을 것으로 짐작해요. 더운 지방에 살았던 디크라에오사우루스과 공룡들처럼 말이에요. 디크라에오사우루스과 공룡들도 등에 돌기가 있었어요.

요. 이제 왜 '사기꾼 도마뱀' 이나 '천둥 도마뱀'이라고 하는지 이해가 되지요?

아마르가사우루스는 어떻게 부채를 사용했을까요?

백악기 남아메리카에서 살았던 아마르가사우루스는 아마도 등에 두 줄로 뾰족하게 난 돌기를 부채처럼 펼쳐서 체온

어머나!

레바키사우루스는 많이 알려지지는 않았지만, 백악기 전기에 아프리카와 남아메리카에서 살았던 공룡이에요. 고생물학자들은 레바키사우루스가 40m 정도의 몸 길이에 1.5m나 되는 가시 모양의 긴 돌기를 가졌다고 추측하고 있어요.

브라키오사우루스

브라키오사우루스는 지금까지 존재한 지상의 동물들 가운데 가장 큰 키를 자랑해요. 브라키오사우루스의 키는 약 16m로, 5층 건물을 넘어설 정도였지요. 몸무게 역시 가장 무거운 편에 속해요. 브라키오사우루스의 평균 몸무게는 50톤 정도로, 코끼리의 몇 배나 되는 무게랍니다!

하지만 25m의 몸 길이에, 목은 13m로 디플로도쿠스 같은 공룡에 비하면 날씬한 편은 아니었어요.

브라키오사우루스는 다른 용각류 공룡들과는 달리 뒷다리보다 앞다리가 더 길고, 이빨의 생김새가 독특했어요.

브라키오사우루스의 이빨은 어떻게 생겼을까요?

브라키오사우루스의 이빨은 둥글고 평평한 숟가락 모양이었어요! 그런 이빨로 섬세하게 나뭇가지를 훑을 뿐만 아니라 거칠게 뜯어내기도 했지요. 잎사귀든 가지든 가리지 않고 몽땅 삼켜 버렸어요.

왜 별명이 '팔 달린 도마뱀'일까요?

앞다리가 뒷다리보다 긴 흔치 않은 공룡 중 하나였기 때문이에요. 그래서 브라키오사우루스는 머리를 높이 들고 목을 거의 수직으로 세우고 다녔어요. 그런 특징은 다른 용각류 공룡들에게서는 좀처럼 볼 수 없는 모습이었지요.

왜 브라키오사우루스의 긴 목은 그처럼 유용했을까요?

긴 목은 뒷발로 서지 않고서도 나무 꼭대기에 접근할 수 있었을 뿐만 아니라, 짝짓기 기간 동안 경쟁자들과 몸싸움을 할 때도 필요했어요. 오늘날의 기린들이 그러하듯이 브라키오사우루스들도 서로 목을 부딪쳤어요.

왜 고생물학자들에게
브라키오사우루스와
비슷한 공룡들이
많이 알려졌을까요?

브라키오사우루스는 쥐라기 후기에 매우 번성했어요. 그래서 유럽과 북아메리카, 아프리카, 아시아 도처에서 발견되고 있지요. 다른 용각류 공룡들과 마찬가지로 무리를 지어 생활했어요.

브라키오사우루스는 거대한 초식 공룡들 가운데 하나로, 몸집이 가장 컸을 뿐만 아니라 몸무게도 매우 무거운 편으로 알려져 있어요.

가 머리까지 피를 보내려면 심장의 무게가 3톤쯤 될 것이라는 계산을 내놓았어요. 하지만 그것은 사실 불가능한 일이에요! 그래서 브라키오사우루스는 냉혈동물이었을 것이라고 결론을 내렸어요.

왜 브라키오사우루스는
늘 차가운 체온을
유지했을까요?

과학자들은 브라키오사우루스

어머나!

브라키오사우루스의
허벅지 뼈 하나가 웬만한
성인의 키보다 더 커요.
대퇴골의 길이가
2m쯤 되지요.

티타노사우루스과 공룡들

● 티타노사우루스과 공룡들은 대단한 기록을 가지고 있어요. 그 중 가장 유명한 아르헨티노사우루스는 지금껏 지구에 등장한 모든 지상의 동물 가운데 가장 무거웠어요. 30~35m 몸 길이에 몸무게가 최대 110톤까지 나갔어요.

● 티타노사우루스과 공룡들은 쥐라기 후기에 등장해서 백악기 동안 주로 남아메리카와 유럽, 아시아 등지에서 살았어요. 그들은 지구상에 존재한 마지막 용각류로 기록되고 있어요.

왜 티타노사우루스과 공룡들은 모두 울퉁불퉁할까요?

등과 옆구리가 갑옷처럼 딱딱한 조직으로 이루어진 티타노사우루스과 공룡은 용각류 중에서도 유일하게 실질적인 방어 능력을 갖추고 있었어요. 그래서 무서운 육식공룡들의 공격에 대항할 수 있었지요.

아르헨티노사우루스를 어떻게 발견했을까요?

아르헨티노사우루스는 화석이 거의 발견되지 않았기 때문에

오랫동안 제대로 알려지지 않았어요. 그러다가 2001년 아프리카의 마다가스카르 섬에서 티타노사우루스과의 화석이 두 개 발견되었는데, 그중 하나는 90% 정도가 보존되어 있을 정도로 상태가 매우 양호했어요. 2005년에는 또 다른 티타노사우루스과 공룡 화석이 아주 훌륭하게 보존된 상태로 남아메리카의 파타고니아 지역에서 발굴되었어요.

왜 살타사우루스의 몸에는 단추가 달려 있을까요?

아르헨티나에서 발견한 몸 길이 12m에, 몸무게가 25톤인 살타사우루스의 화석에는 갑옷처럼 수백 개의 완두콩만한 돌기가 나 있었어요. 그것은 마치 단추로 뒤덮인 듯한 모습

살타사우루스는 아마도 뒷발로 서서 나무 꼭대기의 나뭇잎을 먹었을 거예요.

티타노사우루스과 공룡들이 프랑스에 살았다는 사실을 어떻게 알았을까요?

1989년 한 농부가 엑상프로방스 지역 근처인 랑그도크의 포도밭에서 일하다가 우연히 화석의 끝부분을 발견했어요. 15m 길이의 티타노사우루스과 공룡은 '포도나무 도마뱀'이라는 뜻의 암펠로사우루스예요.

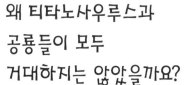

이었지요! 작은 돌기들은 단단한 뿔 같아서 자신을 공격하는 포식자들이 물어뜯을 수 없도록 방패 역할을 해 주었어요.

왜 티타노사우루스과 공룡들이 모두 거대하지는 않았을까요?

섬에 사는 티타노사우루스과 공룡들 중에는 작은 크기의 공룡도 있었어요. 2001년 마다가스카르에서 골격이 온전한 채 발견된 라페토사우루스는 몸 길이가 8.5m 정도였어요.

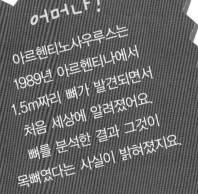

어머나!

아르헨티노사우루스는 1989년 아르헨티나에서 1.5m짜리 뼈가 발견되면서 처음 세상에 알려졌어요. 뼈를 분석한 결과 그것이 목뼈였다는 사실이 밝혀졌지요.

쥐라기 시대 들여다보기

트라이아스기를 거쳐 2억 5백만 년 전에 시작된 쥐라기는 1억 3천5백만 년 전까지 계속되었어요. 그 기간 동안 지구는 판게아 대륙이 나뉘고, 기후가 습해지면서 식물들이 번성하는 등 여러 가지 변화를 겪었어요.

- 변화는 공룡들한테도 일어났어요. 초식 용각류들이 늘어나면서 그들을 사냥하는 육식 수각류들에게는 더 많은 먹잇감이 생겨났지요.

- 가장 큰 변화는 하늘에서 나타났어요. 처음으로 새가 등장을 했답니다!

왜 그 시기를 쥐라기라고 부를까요?

그 시기에 바다 깊숙한 곳에서 석회암층이 형성되었어요. 오랜 세월이 흐른 뒤에 석회암층이 융기하면서 산맥이 만들어졌지요. 그러한 자연의 신비는 1795년 독일 사람 훔볼트가 프랑스의 쥐라산맥에서 발견했어요. 그래서 그 시기를 쥐라기라고 이름붙이게 되었어요.

왜 쥐라기에 다양한 공룡들이 등장했을까요?

트라이아스기에는 공룡들이 온 대륙을 마음대로 돌아다닐 수 있었어요. 하지만 쥐라기에는 새로운 바다가 생기면서 그들의 길을 가로막았어요. 오늘날의 지중해인 테티스 바다가

아시아와 유럽, 북아메리카 대륙을 이루는 로라시아, 그리고 남아메리카와 아프리카 대륙이 된 곤드와나 사이로 흘러들어갔어요. 미래의 대서양은 남아메리카와 아프리카 사이로 슬그머니 끼어들었고, 북아메리카는 유럽과 멀어지게 되었지요. 그렇게 네 대륙에 나뉘어 갇힌 공룡들은 진화 과정을 거치면서 각각 다른 모습을 지니게 되었어요.

지구의 모습은 어떻게 바뀌었을까요?

건조한 적도 지역에서 멀어지면서 지구는 기후의 변화를 맞이했어요. 이전과 마찬가지로 여전히 무더웠지만, 강수량이 점차 늘어났지요. 트라이아스기에 사막이던 지역은 열대 정

크고 울창한 숲 덕분에 쥐라기는
공룡들의 천국이 되었어요.

쥐라기의 하늘은 어떻게 변했을까요?

덥고 습한 날씨 때문에 잠자리와 원시 파리와 곤충 등이 번성했어요. 그보다 높은 하늘에는 날개 달린 파충류들이 가엾은 포유류와 도마뱀을 사냥하려고 날아다녔지요. 마침내 1억 5천만 년 전에 진짜 새라고 할 수 있는 시조새가 최초로 등장했어요.

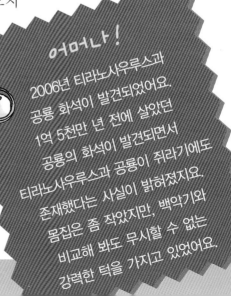

글로 변했어요. 북아메리카는 거대한 세쾨이어 숲으로 뒤덮이고, 고사리과 식물들이 무성하게 자라났어요.

왜 쥐라기는 공룡들의 천국이 되었을까요?

정글 덕분에 초식공룡들의 먹이가 풍족해지면서 그 수가 늘어났어요. 그리고 더 큰 몸집의 수각류 공룡들이 새롭게 나타났지요. 그렇게 공룡들은 점점 쥐라기를 장악해 갔어요. 공룡을 두려워한 포유류나 도마뱀 같은 동물들은 밤 시간을 제외하고는 땅속에서 나오지 않았어요.

어머나!

2006년 티라노사우루스과 공룡 화석이 발견되었어요. 1억 5천만 년 전에 살았던 공룡의 화석이 발견되면서 티라노사우루스과 공룡이 쥐라기에도 존재했다는 사실이 밝혀졌지요. 몸집은 좀 작았지만, 백악기와 비교해 봐도 무시할 수 없는 강력한 턱을 가지고 있었어요.

수각류 공룡들

● 티라노사우루스 덕분에 유명해진 이 공룡 가족은 매우 다양한 모습을 하고 있었어요. 크기도 각각 달라서 가장 작은 미크로랍토르부터 가장 큰 기가노토사우루스까지 모두 수각류 공룡에 속하지요.

● 수각류 공룡의 기원을 거슬러 올라가면 트라이아스기에 나타난 에오랍토르와 코엘로피시스를 들 수 있어요. 그들은 종류가 점점 다양해졌고, 지금으로부터 1억 8천만 년 전인 쥐라기에 강력한 권력을 가지게 되었어요.

● 수각류는 '짐승의 발' 이라는 뜻이에요.

'수각류의 발'은 어떻게 생겼을까요?

발톱이 있는 세 개의 발가락과 뒤쪽으로 작은 크기의 엄지발가락이 나 있었어요. 그것은 수탉이나 소, 말 등의 며느리발톱처럼 먹잇감을 땅바닥에 찍어 누르는 데 사용했지요. 사실 그런 발의 생김새는 다른 공룡들과 비슷하다기보다 새의 발 모양을 더 닮았어요. 그래서 과학자들은 오랫동안 수각류 공룡의 발자국을 거대한 새의 것이라고 생각했지요.

왜 그렇게 재주가 많았을까요?

수각류 공룡들은 앞발이 매우 작아서 근육이 튼튼하게 발달한 뒷발로 서서 이동했어요. 앞발에는 발톱까지 갖춘 세 개의 발가락이 있어서 입으로 먹이를 가져갈 때 유용했어요.

이빨은 어떻게 생겼을까요?

매우 날카롭고 휘어졌으며, 전체적으로 톱니 모양을 하고 있었어요. 그 덕분에 수각류 공룡들은 사냥한 먹이의 두꺼운 피부를 뚫고 살을 뜯어먹을 수 있었지요.

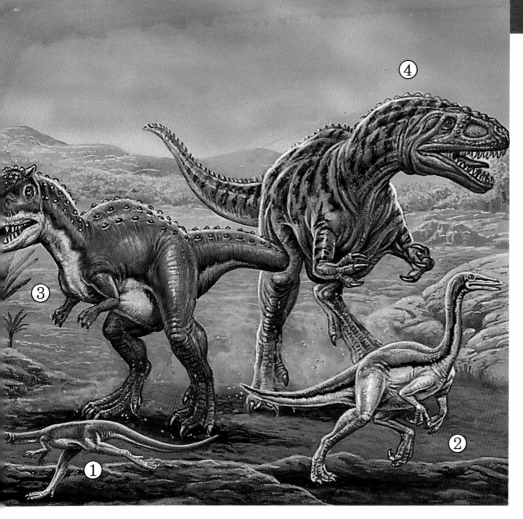

수각류의 종류는 매우 다양하지만, 공통적으로 모두가 살인 병기들이랍니다!

① 콤프소그나투스
② 스트루티오미무스
③ 카르노타우루스
④ 카르카로돈토사우루스

포유류, 도마뱀, 그리고 쥐라기에 처음 나타난 개구리를 잡아먹었어요. 또 곤충을 먹거나 알을 훔쳐먹고, 어떤 공룡은 강에서 물고기를 잡아먹었지요. 하지만 그들 모두에게는 공통적으로 하이에나와 비슷한 면이 있었어요. 사냥 성적이 형편없는 날에는 죽은 짐승이나 누군가가 먹다 남긴 찌꺼기를 해치웠어요.

왜 수각류 공룡들은 머리를 잘 움직였을까요?

그들은 아주 빠르게 사방으로 머리를 움직일 수 있었는데, 그것은 머리가 매우 가벼웠기 때문이에요. 머리뼈들이 단단히 붙어 있지 않아서 자유롭게 벌어지곤 했어요. 그래서 수각류 공룡들은 머리를 이용하여 서로를 공격해도 크게 다치지 않았어요.

어떻게 먹이를 먹었을까요?

수각류 공룡들은 크기가 매우 다양해서 다른 공룡이나

어머나!

수각류와 조류의 공통점이 밝혀지면서 1973년 이 무시무시한 수각류 공룡들이 조류의 조상이라는 가설이 제시되었어요.

케라토사우루스과 공룡들

● 지구에 등장한 최초의 수각류 공룡은 트라이아스기의 코엘로피시스예요. 그 공룡들이 진화하여 쥐라기와 백악기의 더 크고 강한 공룡이 되었어요.

● 코엘로피시스과 공룡은 얇은 이빨과 그리 강하지 않은 턱, 그리고 세 개의 발가락을 가진 대부분의 수각류와는 달리 네 개의 발가락이 달린 손처럼 짧은 앞발을 가졌어요. 그래서 작은 먹잇감밖에 사냥할 수 없었어요.

● 케라토사우루스는 '뿔 달린 도마뱀'이라는 뜻이에요. 대부분의 케라토사우루스과 공룡들은 머리에 정말 우스꽝스러운 볏이 달려 있었어요.

왜 딜로포사우루스는 머리 위에 나비가 앉아 있을까요?

'쌍볏 도마뱀'이라는 뜻을 가진 이 공룡은 머리 위에 뼈로 된 두 개의 볏이 양 방향으로 나 있었어요. 그것은 공격이나 방어에 쓰일 정도로 튼튼하지는 못했지요. 이빨도 매우 가늘어서 그리 강력한 공격력을 갖지 못했어요. 그래서 딜로포사우루스는 다른 공룡들이 먹고 남긴 사체나 작은 동물들을 먹고 살았어요. 두 개의 볏은 아마도 수컷이 암컷을 유혹하기 위한 용도가 아니었을까 추측하고 있어요.

왜 케라토사우루스를 세계 여행가라고 할까요?

1994년 남극에서 빙하에 갇혀 훼손되지 않은 케라토사우루스의 화석이 발견되었기 때문이에요. 그때 발견한 공룡에 '차가운 볏 도마뱀'이라는 뜻의 크리올로포사우루스라는 이름을 붙였어요. 그것이 최초로 남극에서 공룡 화석이 발견된 사건이었어요. 케라토사우루스과 공룡들은 전 대륙에 퍼져 살았어요.

왜 카르노타우루스는 가장 힘이 셌을까요?

카르노타우루스는 '고기를 먹는 황소'라는 뜻으로 아벨리사우루스과에 속해요. 대형 육식 공룡으로 정수리에 황소처럼 두 개의 독특한 뿔이 나 있었는데, 암컷을 유혹하는 데 사

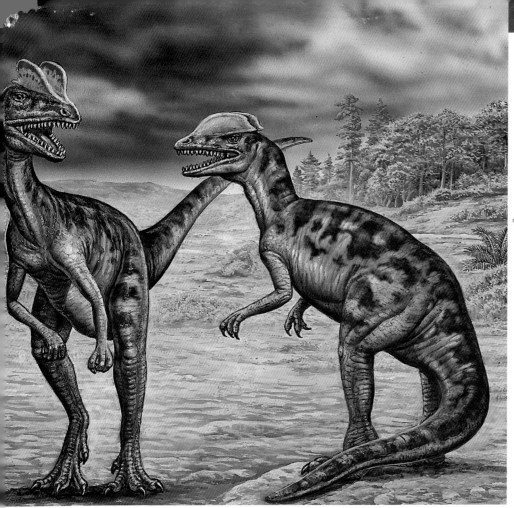

비슷한 무리 중에서 9m의 가장 큰 키를 자랑하는 마준가사우루스는 커다란 이빨로 먹잇감의 뼈까지 흠집을 내는 보기 드문 녀석이었지요. 야만스럽게도 동족을 잡아먹기도 했어요. 마준가토루스라고 부르기도 해요.

머리에 난 화려한 색깔의 볏과 코에 난 뿔은 케라토사우루스과의 수컷 공룡들이 암컷을 유혹할 수 있게 해 주었어요!

왜 마준가사우루스는 그렇게 많이 먹었을까요?

'마준가의 도마뱀'이라는 뜻의 마준가사우루스의 이빨 흔적은 마다가스카르 섬에서 발굴한 뼈에서 발견되곤 했어요.

용되었어요. 하지만 앞다리는 너무 작아서 쓸모가 없었어요.

어머나!

마다가스카르의 마시아카사우루스는 매우 특별한 식사를 했다고 해요. 이빨이 바깥쪽으로 돌출해 있어서 곤충을 잡아먹거나 물고기를 먹을 수밖에 없었대요.

카르노사우루스과 공룡들

● 1억 8천만 년 전 새로운 수각류 무리가 등장했어요. 바로 '고기를 먹는 도마뱀'이라는 뜻의 카르노사우루스과 공룡들이에요.

● 그들은 평균 7m 길이의 거대한 몸집과 휘어진 칼 모양의 톱니처럼 맞물리는 이빨, 그리고 강력한 턱뼈가 특징이었어요. 근육질의 민첩한 꼬리로 평형을 유지했지요.

● 몸놀림이 매우 빨랐던 카르노사우루스과 공룡들은 쥐라기 시대의 주인이 되었어요.

알로사우루스는 어떻게 사냥을 했을까요?

쥐라기 시대의 이 육식공룡은 몸집이 가장 컸어요. 자동차 네 대가 일렬로 늘어선 12m 가량의 몸 길이에 키는 4.6m, 몸무게는 2톤이었어요. 사냥 방법은 나무나 고사리나무 사이에 숨어 있다가 사냥을 했다고 짐작되지요. 이미 죽은 동물의 사체도 먹었어요. 70개의 이빨을 사용하여 사냥한 먹잇감을 잘게 찢어 먹었어요.

왜 알로사우루스는 입을 그렇게 크게 벌렸을까요?

알로사우루스는 위아래뿐만 아니라 양옆으로도 크게 벌릴 수 있는 탄력적인 턱 관절을 가졌어요. 그래서 큰 먹잇감들을 물어뜯을 수 있었지요.

메갈로사우루스는 어떻게 튼튼한 이빨을 유지했을까요?

다른 모든 파충류처럼 메갈로사우루스의 이빨도 다 닳으면 빠져 버렸어요. 하지만 즉시 새 이빨이 돋아났지요. '거대한 도마뱀'이라는 뜻의 메갈로사우루스는 최초로 발굴과 연구가 함께 이루어진 공룡이에요. 메갈로사우루스의 뼈는 1676년 영국에서 발견되었지만 어떤 동물의 뼈인지 알지 못하다가, 1824년 리처드 오언이 멸종된 파충류의 뼈라고 밝힘으로써 알려졌어요.

카르카로돈토사우루스는 왜 '상어 공룡'이라는 별명을 가졌을까요?

카르카로돈토사우루스는 '상어 이빨의 도마뱀'이라는 뜻이에요. 80여 개의 이빨이 상어 이빨을 닮았기 때문이지요. 그래서 카르카로돈토사우루스의 사냥법은 먹잇감의 목을 이빨로 물어서 피가 다 빠지기를 기다렸을 것으로 추측해요. 가장 큰 육식공룡 중 하나로 몸 길이가 8~14m, 몸무게가 4~8톤, 키는 6m가 넘지요. 최강의 공룡으로 불리는 티라토사우루스보다 더 컸어요.

강력한 힘을 가졌지만 몸이 무거운 카르노사우루스과 공룡들은 달리면서 힘을 빼기보다는 조용히 숨어 있다가 사냥하는 것을 좋아했어요.

티라노사우루스는 오랫동안 가장 강력하고 위험한 육식동물로 여겨져 왔어요. 하지만 1993년 아르헨티나에서 발견된 거대한 수각류의 뼈 화석이 그러한 생각을 바꿔 놓았지요. 그것이 바로 기가노토사우루스였어요. 몸 길이가 14m, 몸무게가 8톤으로 티라노사우루스보다 더 컸어요.

기가노토사우루스는 티라노사우루스의 명성을 어떻게 앗아갔을까요?

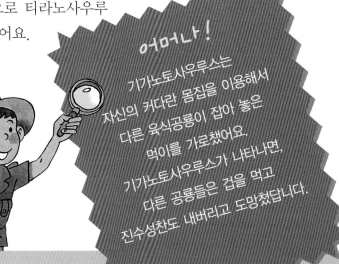

어머나!

기가노토사우루스는 자신의 커다란 몸집을 이용해서 다른 육식공룡이 잡아 놓은 먹이를 가로챘어요. 기가노토사우루스가 나타나면, 다른 공룡들은 겁을 먹고 진수성찬도 내버리고 도망쳤답니다.

랍토르와 작은 육식공룡들

왜 콤프소그나투스는 예쁜 미소를 가졌을까요?

'예쁜 턱'이라는 뜻의 콤프소그나투스는 몸 길이가 60cm로 닭과 비슷하며, 84개의 작고 가지런하지만 날카로운 이빨을 가졌어요. 긴 뒷발과 뛰어난 시력, 그리고 순간적인 반사 신경은 그를 최고의 사냥꾼으로 만들어 주었지요. 콤프소그나투스는 도마뱀이나 작은 포유류 등을 사냥했어요. 짧은 앞다리에 달린 핀셋 모양의 세 개의 발가락으로 먹이를 잡아채 해치웠어요.

- 약탈자 랍토르는 사촌격인 카르노사우루스에 비해 몸집은 작았지만, 공격력만큼은 절대 뒤지지 않았어요.

- 밝은 눈과 예리한 발톱, 날카로운 이빨을 가진 랍토르는 빠르고 민첩한 사냥꾼이었지요. 쥐라기부터 백악기 후기까지 살았고, 대부분 무리를 지어 생활하면서 사냥도 공동으로 했어요.

- 가벼운 골격과 날카로운 발톱이 있는 긴 다리는 새와 닮은 꼴이었어요. 랍토르 공룡들 중에서 일부는 깃털이 나기도 했어요.

고 뒷발을 휘두를 줄도 알았어요. 뒷발의 두 번째 발가락에는 무려 15cm나 되는 발톱이 있었지요. 사냥감을 먹어 치우기 전에 목을 조르고 내장을 꺼냈어요. 몸 길이는 3~4m, 몸무게는 75kg 정도로 가장 공포스러운 랍토르였어요.

어떻게 데이노니쿠스는 태권도를 했을까요?

'날카로운 발톱'이라는 뜻의 데이노니쿠스는 적의 공격을 피하기 위해 점프를 하기도 하

왜 데이노니쿠스의 발톱은 걸을 때 걸리적거리지 않았을까요?

낫 모양을 한 데이노니쿠스의

살인 무기나 다름없는 데이노니쿠스는 무리를 지어 사냥하면서 백악기 동안 북아메리카를 점령했어요.

왜 오르니톨레스테스는 강아지 정도의 무게밖에 나가지 않았을까요?

사촌뻘인 콤프소그나투스처럼 공기가 든 아주 가는 뼈를 가졌기 때문이에요. 그래서 2m의 몸 길이에도 무게가 가벼웠지요. 앞다리와 뒷다리가 발달하여 빠르게 움직일 수 있었어요. 그 때문에 오르니톨레스테스를 '나는 파충류' 혹은 '나는 새'라고 해요. 거기서 '가짜 새'라는 별명이 유래했어요.

커다란 발톱은 때에 따라 움츠러들었다가 필요할 때만 꺼내 쓸 수 있었어요. 발톱은 항상 날카로운 상태를 유지했어요.

데이노니쿠스는 시속 50km의 속도로 달릴 수 있었어요. '육상선수 도마뱀'이라는 뜻을 지닌 드로마에오사우루스과에 속하지요. 길고 뻣뻣한 꼬리는 달릴 때 방향키 역할을 하기도 했어요. 먹잇감을 놓치지 않기 위해 지그재그로 달릴 줄도 알았어요.

왜 데이노니쿠스를 앞지르는 건 불가능했을까요?

어머나!

밤비랍토르는 작고 귀여웠지만, 그 앞에서 얼쩡대는 것은 매우 위험한 일이었어요! 1m밖에 안 되는 작은 몸집이지만, 날쌘 몸짓과 면도날처럼 날카로운 이빨을 가지고 있었거든요.

벨로키랍토르가 1대 1 몸싸움을 좋아한 것을 어떻게 알 수 있을까요?

벨로키랍토르가 백악기의 작은 초식공룡인 프로토케라톱스와 포개져 있는 화석이 발견되었기 때문이에요. 덕분에 벨로키랍토르의 사냥법이 자신의 근육질 앞다리로 적의 목을 감아 발톱으로 조른다는 사실을 알게 되었지요. '날렵한 사냥꾼' 이라는 뜻의 벨로키랍토르는 아시아 지역에서 살았던 드로마에오사우루스과 공룡 중 하나예요.

왜 오비랍토르는 좋지 못한 평가를 받았을까요?

1924년 몽골에서 둥지 옆에 쓰러져 있는 몸 길이 2m에, 몸무게가 40kg이 나가는 랍토르가

공룡알과 함께 발견되었어요. 학자들은 이 공룡이 알을 훔치려 했다고 생각하고 '알 도둑' 이라는 뜻의 오비랍토르라는 이름을 붙여 주었지요. 그러다가 1990년 모래 폭풍 가운데 놓인 둥지를 덮고 있던 또 다른 오비랍토르의 뼈가 발굴되면서 그제야 공룡이 자신의 새끼를 지키려 했다는 사실이 밝혀졌어요. 그것은 어미가 제 새끼를 덮어 주고 있는 모습이었답니다.

왜 오비랍토르는 새와 비슷할까요?

오비랍토르는 알을 품고 있었을 뿐만 아니라 이빨도 없고

입 모양 역시 새와 비슷했어요. 머리 위의 볏은 화식조와 비슷했지요. 화식조의 볏은 덤불을 지날 때 나뭇가지를 헤치는 역할을 했어요. 오비랍토르의 입천장에는 두 개의 뼈로 된 뾰족한 혹이 나 있었는데, 그것은 알을 먹이로 하는 새들에게서 나타나는 특징으로 알 껍질을 깨는 데 사용했어요.

모든 랍토르가 깃털을 가지고 있었는지 어떻게 알 수 있을까요?

중국에서 발견된 대다수의 수각류 공룡들은 깃털의 흔적을 가지고 있어요. 깃털의 흔적은 쉽게 손상되고 특정한 상황에서만 화석으로 남겨지지요. 그렇지만 모든 랍토르에게 깃털이 있었다고 결론을 내릴 수는 없어요.

왜 트로오돈은 큰 눈과 많은 이빨을 가지고 있을까요?

드로마에오사우루스의 사촌인 트로오돈은 얼굴이 조그만데도 5cm 길이의 눈이 달려 있었어요. 밤에 사냥하던 트로오돈은 고양이처럼 어둠 속에서도 잘 볼 수 있도록 시력이 뛰어났지요. 입 안에는 톱니 모양의 작지만 날카로운 이빨이 나 있었어요. 트로오돈은 '상처를 내는 이빨'이라는 뜻이에요. 트로오돈은 공룡들 가운데 가장 큰 뇌를 가졌어요.

오비랍토르는 알을 직접 품으며 정성을 다해 새끼를 보호했어요.

왜 랍토르에게는 깃털이 있었을까요?

공룡들에게 깃털은 온기를 유지하고, 알을 품을 때 깨어지지 않게 하는 역할을 해 주었어요. 또 수컷은 깃털로 암컷한테 자신의 아름다움을 뽐내기도 했지요. 깃털이 날기 위한 수단으로 사용되는 것은 훨씬 나중의 일이었답니다. 그래서 랍토르 공룡들은 '새의 조상'이라고 할 수 있어요.

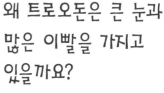

어머나!

2003년 중국에서 최초로 하늘을 날았던 랍토르 공룡이 발견되었어요. 바로 티티새 크기의 미크로랍토르였지요. 네 발에 난 깃털은 활공하는 데 사용되었어요.

타조 공룡

- 백악기에는 '새를 닮은 공룡'이라는 뜻의 오르니토미무스과가 등장했어요. 3~5m 정도의 몸 길이에 근육질인 뒷다리와 긴 목, 작은 머리와 부리 등이 모두 지금의 타조를 닮은 모습이었지요. 그래서 '타조 공룡'이라는 별명을 가지게 되었어요.

- 하지만 오르니토미무스는 엄연히 수각류 공룡이에요. 날카로운 발톱이 난 작은 앞다리가 있고, 달리는 동안 튼튼하고 긴 꼬리로 균형을 맞추었지요.

- 새들과 마찬가지로 오르니토미무스도 과일과 곤충, 그리고 풀을 먹는 잡식성이었어요.

왜 스트루티오미무스는 타조를 따라했을까요?

스트루티오미무스는 타조와 가장 비슷한 공룡으로, 이름도 '타조를 닮았다'는 뜻을 지녔어요. 깃털이 있었는지는 알 수 없지만, 튼튼한 다리와 달릴 때 앞쪽을 향하는 긴 목, 이빨이 없는 부리와 작은 머리 등이 타조와 매우 비슷했지요. 스트루티오미무스는 이빨이 없어서 물 수 없고, 발톱이 날카롭지 않아서 할퀼 수도 없었어요. 그래서 스스로를 지키기 위해 주로 빨리 도망치는 방법밖에 없었어요.

타조 공룡은 어떻게 위험이 다가오는 것을 알았을까요?

타조 공룡은 새들처럼 머리 양

옆에 눈이 있기 때문에 고개를 돌리지 않고서도 여러 방향을 살필 수 있었어요. 그런 넓은 시야 덕분에 위험을 금세 알아차렸지요.

누구게?

드로미케이오미무스는 어떻게 많은 기록의 주인공이 되었을까요?

매우 날씬한 다리를 가진 드로미케이오미무스는 시속 65km까지 달릴 수 있었어요. 공룡들 가운데서도 가장 빠른 속력이었지요. 큰 눈 덕분에 밤에

갈리미무스는 먹이를 찾기 위해 땅을 팠어요.

갈리미무스는 어떻게 닭과 비슷할까요?

갈리미무스의 작은 앞다리에는 갈고리 모양의 발톱이 난 발이 달려 있어서 씨앗이나 곤충을 찾으려고 땅을 파는 데 사용되었어요. 마치 지금의 닭과 같은 모습이지요. 하지만 몸 길이가 6m에, 몸무게는 타조의 두 배인 400kg나 되었어요.

도 도마뱀이나 포유류 등을 사냥할 수 있었고, 타조와 비슷한 수준의 지능을 가진 매우 똑똑한 공룡이었어요.

리 아래에 커다랗게 늘어진 주머니가 달려 있었어요. 펠레카니미무스 역시 펠리컨처럼 물고기를 잡아 주머니에 저장했을 거라고 짐작되지요. 타조 공룡들 중에서 유일하게 220개나 되는 작지만 매우 날카로운 이빨을 가지고 있어요.

왜 펠레카니미무스는 펠리컨과 비교될까요?

스페인의 한 호숫가에서 발견된 펠레카니미무스에게는 부

어머나!

1970년 오르니토미무스과의 공룡의 것으로 보이는 2.4m짜리 뼈가 발견되었어요. 그래서 '무서운 손'이라는 뜻의 데이노케이루스라고 불리게 되었지요. 몸 길이는 10m쯤 될 것으로 추측해요.

하늘을 나는 파충류, 익룡

- 공룡 시대에는 특히 조심해야 할 존재가 하늘에 있었어요. 바로 '하늘을 나는 파충류'인 익룡이에요. 트라이아스기 후기에 나타나서 백악기 후기까지 살았어요.

- 그들은 새가 아닌 파충류였어요. 날개는 박쥐처럼 피부막으로 이루어져 있었어요. 깃털은 없었지만, 추위를 막기 위해 솜털이 나 있었어요.

- 익룡들은 대부분 이빨이 있었어요. 하늘을 날다가 다이빙해서 물고기를 잡아먹거나 곤충과 작은 포유류를 먹이로 삼았어요.

익룡은 어떻게 날았을까요?

익룡의 날개는 가죽 같은 피부로 되어 있어서 새처럼 능숙하게 날 수는 없었어요. 특히 이륙하는 것이 쉽지 않았지요. 그래서 절벽이나 바위, 나뭇가지 위에서 날아올랐어요. 기류를 탔을 때는 날개를 퍼덕이며 활공하기도 했어요.

왜 에우디모르포돈은 꼬리에 장식이 달려 있을까요?

에우디모르포돈은 트라이아스기에 살았던 가장 오래된 익룡 중 하나예요. 그 시기의 날개 달린 파충류들은 짧은 목과 짧은 부리, 긴 꼬리 등 아직 육상 동물과 비슷한 생김새를 하고 있었지요. 꼬리 끝에 있는 마름모꼴의 피부 조직은 방향키

역할을 했어요. 에우디모르포돈은 바다 위를 날아다니다가 이빨이 있는 부리로 물고기를 덥석 물어 사냥하기도 했어요.

왜 프테로닥틸루스는 유명할까요?

유일하게 온전한 골격이 발굴된 프테로닥틸루스는 쥐라기 동안 유럽과 아프리카에서 살았어요. 아주 작은 꼬리와 긴 목, 커다랗게 늘어진 부리는 익룡의 진화 형태를 보여주는 좋은 본보기랍니다.

1억 년 전 미국 텍사스의 하늘에는 지금까지 지구상에 존재한 날아다니는 모든 동물 가운데 가장 거대한 케찰코아틀루스가 날고 있었어요.

프테라노돈은 왜 그렇게 무서운 존재였을까요?

양 날개를 펼친 길이가 8m 정도 되는 프테라노돈은 뛰어난 시력과 사방팔방으로 움직일 수 있는 목, 긴 부리를 가진 매우 인상적인 모습을 하고 있었어요. 물고기를 잡아먹었고, 육상동물은 절대로 공격하지 않았어요.

어 몸무게가 65kg밖에 나가지 않았어요. 그런 특징은 익룡이 점점 더 커다란 몸집으로 진화할 수 있는 바탕이 되어 주었지요. 케찰코아틀루스는 그리 무서운 공룡은 아니었어요. 늪지대를 날아다니며 이빨이 없는 긴 부리로 진흙을 뒤지거나 동물의 시체를 먹었어요.

왜 케찰코아틀루스는 그늘을 만들고 다녔을까요?

양 날개를 펼친 폭이 13m나 되기 때문이에요. 마치 작은 경비행기와 같은 크기지요. 하지만 케찰코아틀루스의 뼈는 많은 부분이 공기로 채워져 있

어머나!

익룡은 땅에서 다닐 때는 네 발을 사용했어요. 날개를 위로 접고 다리를 이용하여 걸어다녔지요. 도마뱀 따위를 쫓아가서 잡아먹기도 했어요.

최초의 새

- 1861년 이전에는 볼 수 없던 완전히 새로운 피조물이 독일에서 발견되었어요. 공룡의 몸에 꼬리와 앞다리를 따라 진짜 새의 깃털이 난 동물이었지요. 상식에서 벗어난 듯한 이 동물은 '오래된 날개'라는 뜻을 가진 시조새였어요.

- 1억 5천만 년 전에 살았던 시조새는 역사상 처음으로 등장한 새랍니다.

- 시조새 덕분에 조류가 파충류에서 진화했다는 사실을 알게 되었지요.

어떻게 시조새가 공룡의 후손이라는 것을 알 수 있었을까요?

시조새는 주변에서 함께 발견된 작은 육식공룡인 콤프소그나투스와 매우 닮았어요. 콤프소그나투스처럼 생긴 다리와 뼈로 이루어진 꼬리, 발톱이 있는 세 개의 발가락, 커다란 볏, S자 모양의 기다란 목, 그리고 이빨까지 똑닮았지요! 또한 시조새와 익룡은 둘 다 날아다닐 때 더 강한 힘이 나게 하는 Y자 모양의 가슴 부위의 뼈를 가졌어요.

시조새는 공룡과 어떻게 달랐을까요?

시조새의 깃털은 공룡의 깃털과는 달랐어요. 오늘날 새의 깃털처럼 비대칭적인 모양으로 한쪽 면이 더 크게 나 있었지요. 그런 비대칭의 깃털이 공기 중에서 몸을 받쳐 주어 날아가는 데 도움을 주었어요.

어떻게 새들은 나뭇가지에 앉을 수 있을까요?

다른 동물들과는 달리 새의 발가락 중 하나는 뒤쪽으로 나 있어요. 이 윗발가락이 나뭇가지를 붙잡아 균형을 잡을 수 있도록 해 주지요. 시조새와 수각류 공룡들도 그런 발가락을 가지고 있었어요.

왜 새들은 공룡이 가지고 있던 꼬리를 잃어버렸을까요?

중국에서 1억 3천만 년 전의 공자새 화석이 발견되었어요.

참새처럼 작은 몸에 부채꼴의 꼬리, 새롭게 등장한 가슴뼈까지 말이에요. 단단한 근육을 가진 가슴뼈는 두 날개를 가슴에 연결하여 더 강력한 힘을 낼 수 있게 해 주었어요. 양 날개를 힘차게 퍼덕거릴 수도 있었지요.

큰 비둘기 크기의 시조새는 쥐라기 후기 하늘을 날아다녔어요.

왜 최초의 참새는 스페인 출신일까요?

얼마 뒤에 스페인에서 이베로메소르니스가 나타났어요. 그것은 오늘날 새가 지닌 특징을 모두 가졌어요.

그 새는 이빨이 없는 부리를 가졌고, 꼬리가 없었어요. 꼬리가 사라지게 된 이유는 허리 등뼈가 꽁무니뼈와 합쳐졌기 때문이에요. 새들은 그 뼈로 꼬리에 난 커다란 깃털을 지탱한답니다.

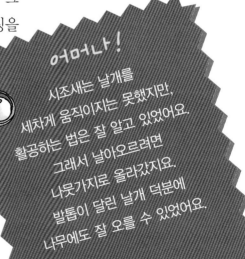

어머나!

시조새는 날개를 세차게 움직이지는 못했지만, 활공하는 법은 잘 알고 있었어요. 그래서 날아오르려면 나뭇가지로 올라갔지요. 발톱이 달린 날개 덕분에 나무에도 잘 오를 수 있었어요.

55

백악기 들여다보기

- 백악기는 1억 3천5백만 년 전에 시작되어 6천5백만 년 전에 막을 내렸어요.

- 그 기간 동안 지구는 현재 우리가 살고 있는 모습을 갖추게 되었지요. 대륙과 산맥, 계절 등이 생겨났고, 오늘날과 같은 풀과 꽃, 특히 가을에 잎이 졌다가 봄에 새 잎이 나는 낙엽수가 등장했어요.

- 공룡들 역시 그 기간 동안 다양하게 변화했어요. 그리고 다른 많은 동물들이 지구상에 등장했답니다.

왜 그 시기를 백악기라고 부를까요?

'백악(Cretaceous)'이라는 말은 분필을 뜻하는 라틴어 '크레타(creta)'에서 유래했어요. 1억 년 전 바다의 융기로 인해 유럽과 아메리카 대륙의 많은 부분이 바닷물에 잠기게 되면서 침전물이 쌓여 갔어요. 그 결과 주로 흰색의 '백악'으로 되어 있는 백악계가 형성되었지요. 그것은 오늘날의 언덕과 절벽이 되었어요.

왜 백악기는 추웠을까요?

그 기간 동안 대륙은 지구의 구석구석으로 퍼져 나갔어요. 더 이상 1년 내내 덥기만 한 적도 부근에 머물러 있지 않게 된 거

예요. 일부 지역은 극지방까지 이동하여 계절의 변화가 나타나게 되었답니다.

왜 갑자기 산이 생겨났을까요?

백악기에는 맨틀을 떠다니던 대륙판들이 서로 충돌하면서 포개어지는 곳이 생겨났어요. 그로 인해 히말라야 같은 거대한 산맥이 만들어졌어요.

다른 종류의 동물들이 등장하는 데 도움을 주었지요. 그래서 꿀벌과 개미, 말벌, 나비, 무당벌레처럼 꽃가루를 나르는 곤충들과 새가 등장할 수 있었어요. 또한 그런 곤충들과 과일을 먹이로 하는 새로운 포유류가 나타났고 그 동물들을 잡아먹는 티라노사우루스 같은 새로운 포식자도 등장할 수 있었지요.

백악기가 되면서 진초록만 가득하던 숲에 화려한 색깔이 나타나기 시작했어요. 활엽수가 너도밤나무와 호두나무, 떡갈나무의 자리를 대신했고, 꽃들도 등장했어요.

류으로 퍼져 나갔어요.

꽃이 피는 식물은 어떻게 나타났을까요?

2002년 5월, 꽃이 피는 나무들 가운데 가장 오래된 화석이 아프리카의 한 호수 아래에서 발견되었어요. 꽃이 물속에서 처음 탄생했다는 사실을 증명하게 된 것이에요. 그 뒤로 꽃은 땅으로 진출했고, 모든 대

꽃이 지구를 어떻게 바꾸었을까요?

꽃이 피는 식물들은 부드러운 잎이 나기 때문에 먹고 소화하기 쉬웠어요. 또한 꽃가루로 열매를 만드는 과정은

어머나!

일부 고생물학자들은 꽃 피는 식물들이 다양해진 것이 하드로사우루스와 뿔을 가진 공룡들에게 많은 영향을 주었으리라 짐작해요.

바다의 신기한 동물들

● 백악기에 수면이 상승하면서 따뜻하고 얕은 바다의 면적이 매우 넓어졌어요. 그 결과 바다에는 산호로 뒤덮인 암초와 별난 조개들이 나타났으며, 많은 동·식물이 번성했지요. 비록 지금은 사라지고 없지만요.

● 새우, 성게, 불가사리, 굴, 가리비, 홍합 등은 고생대부터 존재해 왔어요. 게나 가재는 쥐라기에 등장했고요. 하지만 물고기는 백악기까지도 현재의 물고기와는 많이 다른 신기한 모양을 하고 있었어요.

● 그 시기에는 매우 특이한 연체동물들이 살았는데, 지금은 모두 사라지고 말았어요.

왜 바다 속에 쓰레기통이 있었을까요?

그것은 쓰레기통이 아니라 루디스테스라는 컵 모양의 조개였어요. 루디스테스에는 여닫을 수 있는 뚜껑이 달려 있었어요. 뚜껑을 열어서 바닷물을 통과시켜 플랑크톤을 섭취했어요.

그 당시 물고기는 어떻게 생겼을까요?

거의 모든 물고기가 온몸에 두꺼운 비늘이 나 있었어요. 무거운 비늘 때문에 빨리 헤엄칠 수 없었어요. 레피도테스 같은 일부 물고기들은 빠르지 않은 대신 입을 관 모양으로 만들어 물을 쏘아 먹잇감을 사냥할 수 있었어요.

왜 어떤 조개에는 다리가 달려 있었을까요?

다리가 달린 조개는 문어나 낙지의 친척인 암모나이트예요. 암모나이트는 자신의 말랑말랑한 몸을 보호하려고 피난처 역할을 해 주는 나선형 모양의 조개껍데기를 갖게 되었지요. 이 연체동물은 살아 있는 동안 끊임없이 성장했기 때문에 껍데기는 몸에 비해 점점 좁아질 수밖에 없었어요. 그래서 자꾸 더 큰 집을 지어야 했어요. 지금까지 발견된 가장 큰 암모나이트의 껍데기는 지름이 2.5m 정도랍니다.

① 암모나이트, ② 루디스테스,
③ 벨렘나이트, ④ 레피도테스
모두 중생대 바다에 널리 존재
했어요.

암모나이트의 사촌인 벨렘나이트는 어떻게 살았을까요?

벨렘나이트는 오늘날의 오징어와 비슷했어요. 몸 내부에 껍데기가 있고, 바깥쪽은 살로 덮여 있었지요. 벨렘나이트는 유선형의 몸으로 물속을 자유롭게 헤엄쳤고, 갈고리가 달린 여섯 개의 발로 먹이를 긁어모았어요. 새의 부리를 닮은 입으로는 사냥한 먹잇감을 잘게 뜯어먹었답니다.

랑이는 꽃이 있었어요. 그러다가 작은 물고기가 다가오면 술이 팔로 변하여 물고기를 잡아 굶주린 입 속으로 집어삼켰지요. 이 가짜 꽃을 '바다술'이라고 부르는데, '바다의 백합'이라는 별명을 가졌어요. 갯나리과의 한 종류로 불가사리의 사촌뻘이에요.

왜 바다 속의 꽃은 조심해야 했을까요?

중생대의 바다에는 긴 관으로 모래 바닥에 뿌리를 내리고서 형형색색의 솜털이 난 술을 살

어머나!

지구 석유 매장량의 상당 부분은 루디스테스가 자라던 바위에서 나온답니다. 다른 동물의 사체나 찌꺼기가 섞인 다공질의 석회암에 붙어 살던 루디스테스의 껍질이 석유로 변하게 된 거예요.

바다의 거인, 어룡

- 거대한 포식자인 바다파충류들은 바다에 사는 다른 물고기들에게는 공포스러운 존재였어요. 이전부터 살아온 상어들 역시 그들에게 잡아먹히지 않으려면 달아나는 수밖에 없었지요.

- 바다에 살던 파충류에는 여러 무리가 있었는데, 트라이아스기 후기에 나타난 '물고기 도마뱀'이라는 뜻의 이크티오사우루스, 쥐라기에 등장한 플레시오사우루스와 플리오사우루스, 그리고 마지막으로 백악기의 모사사우루스 등이에요.

- 그런 거대한 바다파충류 말고도 거북과 악어, 물뱀 같은 다른 파충류들도 진화를 거듭했지요.

초기의 바다파충류는 어떤 모습이었을까요?

초기의 바다파충류인 노토사우루스와 플라코돈테스는 트라이아스기 후기에 자취를 감추었어요. 육지에서 생겨난 이 동물들은 바다 생활에 서툴 수밖에 없었지요. 발에 발톱이나 있었으며, 생김새는 긴 꼬리를 가진 커다란 몸집의 도마뱀과 비슷했어요. 그중에는 비늘로 이루어진 등껍질을 가진 종류도 있었지요. 그들은 주로 해안가에서 쉬면서 많은 시간을 보냈지만, 절대로 그 주변을 벗어나지는 않았어요.

이크티오사우루스는 어떻게 변했을까요?

이크티오사우루스는 생김새가 파충류보다 돌고래와 더 비슷했어요. 다리와 몸이 돌고래처럼 유선형으로 변화했고, 꼬리는 지느러미로 변했지요. 머리 꼭대기에 달린 콧구멍 덕분에 몸이 물 밖으로 완전히 나오지 않고서도 숨을 쉴 수 있었어요. 이크티오사우루스는 유럽에서 아메리카 대륙까지 넓은 지역에서 발견되고 있어요.

어떻게 사냥을 했을까요?

바다파충류는 시속 40km로 헤엄칠 정도로 민첩했고, 뾰족한 턱과 200여 개의 날카로운 이빨을 가진 타고난 사냥꾼이었어요. 주로 물고기와 암모나이트를 사냥했지요. 그중 오프탈모사우루스 같은 종류는 지름이 10cm 정도인 커다랗고 밝은 눈 덕분에 깊은 바다 속에서도 사냥할 수 있었어요.

'뮤즈의 도마뱀'이라는 별명을 가진 모사사우루스는 14m까지 자랄 수 있었어요. 그림은 모사사우루스가 어린 플레시오사우루스를 공격하는 모습이에요.

플리오사우루스는 어떻게 커다란 먹이를 사냥했을까요?

매우 짧은 목과 커다란 머리, 엄청난 이빨을 가진 플리오사우루스는 멀리서도 먹잇감을 뒤쫓았어요. 이크티오사우루스와 상어, 플레시오사우루스가 없었다면 자기들끼리 서로 잡아먹으려 했을 거예요!

엘라스모사우루스의 목은 8m 쯤으로 몸 길이의 절반을 차지할 정도였지요! 그 긴 목으로 물 밖의 공기를 마실 수 있었고, 밝은 눈으로는 깊은 곳까지 볼 수 있었어요. 먹잇감을 한번 점찍으면 노 모양의 팔을 휘저으며 물 속으로 급강하할 수도 있었답니다.

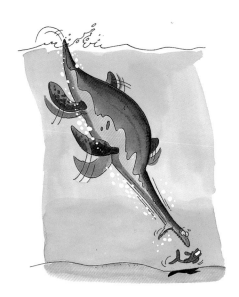

왜 엘라스모사우루스는 그렇게 유연했을까요?

플레시오사우루스에 속하는 바다 공룡들은 대체로 긴 목을 가지고 있었어요. 그중에서도

어머나!

지금까지 지구상에 존재한 가장 큰 물고기는 쥐라기 후기에 살았던 리드시크티스로서, 몸 길이가 15m였어요. 이 물고기의 뼈가 영국에서 발견되면서 900개의 뼈 조각을 조립할 수 있었어요.

스피노사우루스

- 백악기가 시작되면서 수각류의 또 다른 무리가 지구에 등장했어요. 바로 '가시 도마뱀' 이라는 뜻의 스피노사우루스였어요. 실제로 대부분의 스피노사우루스는 마치 용처럼 등에 큰 돛을 가지고 있었어요.

- 하지만 스피노사우루스의 가장 큰 특징은 길고 납작한 주둥이였지요. 길이가 1m쯤 되는 주둥이에는 원뿔 모양의 많은 이빨이나 있었어요.

- 스피노사우루스는 또한 공룡들 중에서는 찾아보기 힘든 훌륭한 낚시꾼이었어요.

왜 스피노사우루스는 악어와 자주 비교될까요?

길게 뻗은 주둥이와 곧은 이빨, 그리고 머리 위에 있는 콧구멍의 위치가 악어를 닮았기 때문이에요. 그래서 스피노사우루스도 악어처럼 늪이나 냇가 근처에 살면서 미끄러운 먹이도 물어뜯을 수 있는 날카로운 이빨로 물고기를 잡아먹고 살았을 것으로 추측해요.

스피노사우루스는 어떻게 돌아다녔을까요?

이 공룡은 키와 몸무게가 티라노사우루스와 거의 비슷했어

요. 하지만 육중한 몸집에도 불구하고 단번에 먹이를 쫓아 달릴 태세를 항상 갖추고 있었지요. 키가 4m 정도인 스피노사우루스는 빠른 속도로 달릴 수는 있었지만, 쉽게 지쳤기 때문에 오래 달리지는 못했어요.

왜 스피노사우루스는 그렇게 큰 돛을 가지고 있었을까요?

스피노사우루스의 등에는 2m 높이의 피부로 이루어진 돛이 있었어요. 그것은 암컷을 유혹할 때, 그리고 태양열을 모아 체온을 높이거나 낮추는 역할을 했으리라 짐작하지요.

바리오닉스는 어떻게 먹었을까요?

1983년 영국에서 바리오닉스

바리오닉스는 어떻게 물고기를 잡았을까요?

바리오닉스의 이름은 '강력한 발톱'이라는 뜻이에요. 앞발의 발가락에는 35cm 길이의 발톱이 나 있어서 그것을 갈고리처럼 사용했지요. 곰이 물고기를 잡아먹듯이 바리오닉스도 바닷가나 강가에서 물고기를 앞발로 찍어서 잡아먹었답니다.

의 온전한 골격이 발견되었어요. 또한 내장에서 물고기의 비늘과 이빨뿐만이 아니라 작은 이구아노돈과 초식공룡의 뼈까지 발견되었지요. 그래서 바리오닉스가 물고기를 잡아먹기도 하고 물가로 물을 마시러 온 초식공룡을 잡아먹은 사실을 알게 되었어요.

바리오닉스는 습하고 녹지가 있는 유럽과 사하라 지역의 물가에서 매우 공포스러운 존재였어요.

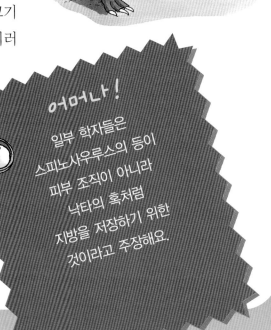

코미무스는 40cm쯤 되는 날카로운 발톱을 사용해서 물고기를 잡거나 물가로 물을 마시러 온 동물들을 공격했어요.

수코미무스는 어떻게 발톱을 사용했을까요?

수코미무스의 앞다리에는 낫모양의 발톱이 나 있었어요. 수

어머나!

일부 학자들은 스피노사우루스의 등이 피부 조직이 아니라 낙타의 혹처럼 지방을 저장하기 위한 것이라고 주장해요.

티라노사우루스 렉스

- 빠른 속도로 움직이는 거대한 몸집과 커다란 머리, 그에 비해 작은 앞다리와 근육질의 튼튼하고 긴 뒷다리, 그리고 무엇보다도 강력한 턱뼈와 60개의 이빨을 가진 티라노사우루스 렉스는 '공룡의 왕'이었어요.

- 8천만 년 전쯤 처음 나타나 백악기 후기에 자취를 감춘 티라노사우루스 렉스는 수각류 육식공룡들 가운데 맨 나중에 나타난 공룡 중 하나로 가장 사나웠어요.

- '폭군 도마뱀'이라는 뜻의 티라노사우루스과에는 여러 종류의 공룡이 있어요.

티라노사우루스는 어떻게 발견되었을까요?

1902년 헨리 F. 오스본이라는 고생물학자가 미국 북동부의 몬타나 산맥에서 티라노사우루스의 뼈를 처음 발견했어요. 몸 전체가 발견된 것은 아니지만, 머리와 턱 부분은 망가지지 않은 채 보존되어 있었지요. 이빨의 크기를 보고 티라노사우루스 렉스라는 이름을 붙여 주었어요.

어떻게 어린 시절을 보냈을까요?

티라노사우루스는 부모와 다른 새끼 공룡들과 함께 어린 시절을 보냈을 거예요. 다 자란 공룡들은 함께 새끼를 키우기 위해 공동생활을 했지요. 하지만 그들의 공동생활은 화가 나면 참지 못하고 서로 물어뜯는

티라노사우루스의 특성 때문에 자주 위기를 맞곤 했어요.

어떻게 사냥을 했을까요?

최고 속력이 시속 35km에 달할 정도로 매우 빠른 발을 가진 티라노사우루스는 특히 단거리에 강했어요. 그래서 몸을 숨기고 있다가 갑자기 나타나서 공격하는 사냥 방식을 즐겼지요. 입을 크게 벌리고 먹잇감을 잔인하게 물어뜯었는데, 주로 목을 공격했어요. 한꺼번에 무려 50kg 정도의 살점을 뜯어내거나 단번에 물어 죽이기도 했어요.

티라노사우루스는 키가 5m, 몸 길이는 12m, 몸무게는 6톤 정도 되었어요. 버스 두 대 정도의 몸 길이로 기린보다 키가 더 컸지요.

그래서 사냥감의 피부에 이빨을 박아 넣는 동시에 살점을 뜯어낼 수 있었어요. 18cm 길이의 앞니는 먹잇감을 고정하는 역할을 했고, 더 단단한 옆쪽 이빨은 뼈를 부러뜨리는 데 사용했지요. 어금니가 없는 티라노사우루스는 모든 먹이를 씹지 않고 그대로 삼켰어요.

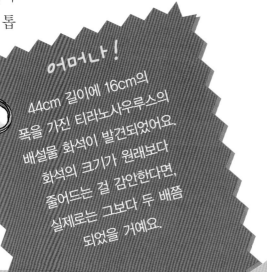

왜 그렇게 이빨이 무시무시했을까요?

다른 어떤 육식공룡도 티라노사우루스만큼 강력한 이빨을 가지지는 못했어요. 칼처럼 완만한 곡선을 가진 이빨은 면도날처럼 날카로웠을 뿐 아니라 아랫니와 윗니 사이의 홈이 톱니처럼 맞물려 있었어요.

티라노사우루스는 어떻게 성장했을까요?

티라노사우루스가 완전히 자라려면 20년이 걸렸고, 수명은 30년쯤 되었어요. 그러니까 다 커서는 그리 오래 살지 못했지요. 티라노사우루스는 죽을 때가 가까우면 사냥을 하지 못하고 다른 동물들의 사체로 연명했어요.

어머나!
44cm 길이에 16cm의 폭을 가진 티라노사우루스의 배설물 화석이 발견되었어요. 화석의 크기가 원래보다 줄어드는 걸 감안한다면, 실제로는 그보다 두 배쯤 되었을 거예요.

어떻게 티라노사우루스는 그렇게 빨리 머리를 돌릴 수 있었을까요?

티라노사우루스의 목은 튼튼한 근육질로 되어 있었어요. 먹잇감에 정확하게 송곳니를 찔러 넣은 다음 머리를 좌우로 흔들어서 눈 깜짝할 사이에 갈기갈기 찢어 버렸지요.

먹잇감은 어떻게 골랐을까요?

냄새로 사냥감을 선택했어요. 고생물학자들이 티라노사우루스 화석의 뇌를 연구한 결과 엄청난 크기의 후각 기관을 가졌다는 사실을 알아냈어요. 그

러니까 티라노사우루스는 매우 발달한 후각 신경으로 멀리 있는 먹잇감의 존재를 알아차릴 수 있었어요. 하지만 시력은 그다지 좋지 못했어요.

뒷발은 어떻게 사용했을까요?

앞다리에 비해 훨씬 큰 뒷다리는 성인 남자의 다리보다 여섯 배나 더 컸어요. 뒷발에 휘어진 발톱이 난 발가락이 네 개 있고 그중 세 개는 앞으로, 하나는 닭처럼 뒤쪽에 있었어요. 발의 뼈가 나란히 놓였기 때문에 달릴 때 더 큰 힘과 속도를 낼 수 있었어요.

왜 티라노사우루스는 조용히 사냥하지 않았을까요?

티라노사우루스가 공격에 나설 때는 먹잇감을 공포에 빠뜨리기 위해 큰 소리로 포효했어요. 그 울부짖음은 멀리까지

퍼져 나가 먹이를 기다리는 가족들에게 곧 돌아갈 것을 알려 주는 신호이기도 했어요.

티라노사우루스는 어떻게 암컷을 유혹했을까요?

그리 로맨틱하지는 않았어요. 티라노사우루스에게는 먹는 것이 가장 중요했어요. 그래서 마음에 드는 암컷이 있으면 수컷은 먹이를 사냥하여 암컷에게 주면서 유혹했답니다.

작은 앞다리는 어떻게 사용했을까요?

티라노사우루스의 앞다리는 너무 짧아서 자신의 머리에조차 닿지 않았어요. 그래서 고기 조각을 나르거나 공격을 하거나 사냥감을 드는 일을 할 수는 없었어요. 하지만 핀셋 모양의 두 개의 발가락을 이용하여 가까운 곳에 있는 물체를 쥐거나 자고 일어나 몸을 일으

티라노사우루스는 공격할 때 성인 한 사람이 들어갈 정도로 크게 입을 벌렸어요.

'놀라게 하는 도마뱀' 이라는 뜻의 타르보사우루스는 아시아에서 살았던 10m 길이의 공룡이에요. 아메리카 대륙의 '깜짝 놀랄 도마뱀' 인 다스플레토사우루스는 길에서 마주치는 모든 것을 이빨로 공격했어요. 티라노사우루스와 친척들한테서는 부드러움이란 전혀 찾아볼 수 없었답니다!

킬 때 사용했으리라 짐작해요.

는 뜻의 알베르토사우루스는 캐나다의 앨버타 지역에서 살았던 몸 길이가 8m 정도의 공룡으로, 강한 턱뼈로 사냥감의 목덜미를 물어 단번에 죽여 버릴 수 있었어요.

티라노사우루스의 친척들은 어떻게 살았을까요?

티라노사우루스보다 크기는 작아도 사납기는 마찬가지였어요. '앨버타의 도마뱀' 이라

어머나!
티라노사우루스는 땅에 누워서 잠을 잤어요. 그래서 티라노사우루스의 배 부근에는 몸무게에 눌려 장기가 손상되는 것을 막아 주는 뼈가 있었어요.

재미있는 공룡들

- 수각류인 육식공룡들과 거대한 크기의 용각류와 함께 세 번째 무리가 등장했어요. 바로 '새의 골반'을 가진 조반류였어요.

- 트라이아스기에 처음 등장하여 백악기에 특히 번성했던 조반류는 다른 공룡들에 비해 다양하면서도 특이한 종류로 진화했어요. 새의 다리와 오리의 부리를 갖기도 하고, 가시와 목 부분의 깃, 갑옷, 곤봉, 투구 등 특징도 가지각색이었지요.

- 조반류는 초식공룡으로, 대부분 온화한 성격에 조용히 무리를 이루어 살았어요.

양이었지요. 날카로운 상태를 유지하기 위해 위아래 부리를 서로 부딪쳐서 갈곤 했어요. 날카로운 부리 덕분에 질긴 나뭇가지들도 잘라낼 수 있었어요.

왜 조반류는 다른 공룡들과 다르게 진화했을까요?

조반류가 다른 공룡들과 크게 다른 점은 바로 골반에 있는 치골의 위치예요. 다른 공룡들의 경우 치골이 앞쪽을 향해 있는 반면에 조반류는 새처럼 뒤쪽을 향해 있었지요. 게다가 꼬리뼈와 등뼈가 튼튼한 힘줄로 연결되어 있어서 조반류의 꼬리가 축 늘어져서 땅에 끌리는 일이 절대 없었어요. 그것은 몸에 안정과 균형을 유지하는 데 큰 역할을 해 주었지요.

조반류는 어떻게 먹고 살았을까요?

조반류는 공룡 중에서 유일하게 어금니와 비슷한 이빨을 가지고 있어서 먹이를 씹어 먹을 수 있었어요. 주로 풀이나 잎사귀를 먹었는데 삼키기 전에 입 안에서 오랫동안 씹는 습관이 있었답니다.

왜 조반류는 주둥이가 거북처럼 생겼을까요?

조반류에게는 턱뼈보다 더 앞쪽으로 돌출된 뼈가 있었어요. 거북처럼 이빨이 없는 부리 모

① ②

스쿠텔로사우루스는 어떻게 방패를 만들었을까요?

스쿠텔로사우루스의 몸은 뼈로 된 방패 비슷한 모양의 작은 판들로 뒤덮여 있었어요. 그 때문에 몸이 무거워서 네 발로 걸어다닐 수밖에 없었지요. 날씬한 몸과 긴 꼬리는 악어와 비슷했지만, 식성은 달라서 풀을 주식으로 먹었어요. 북아메리카에서 발견되는 스쿠텔로사우루스는 갑옷 공룡들의 조상이에요.

① 레소토사우루스보다 유명하지는 않지만, ② 피사노사우루스는 쥐라기 아프리카에 등장한 오래된 조반류예요. 트라이아스기에는 아르헨티나에서 살았어요.

초기의 조반류는 어떻게 살았을까요?

처음 등장한 조반류는 90cm의 몸 길이에 두 발로 걸었고, 도마뱀과 닮은꼴이었어요. 긴 다리와 큰 발, 그에 비해 매우 작은 앞발을 가지고 있었지요. 위험한 상황에서는 매우 빨리 달릴 수 있었어요. 그것이 훗날 등장하는 새의 다리를 가진 조반류의 조상이에요.

어머나!
헤테로돈토사우루스는 다른 공룡들과는 달리 앞니와 송곳니, 어금니를 모두 가진 유일한 공룡이에요. 그래서 별명이 '서로 다른 이빨을 가진 도마뱀'이랍니다.

조각류 공룡들

- 백악기 초기는 공룡들이 가장 번성했던 시기예요. 특히 초식공룡들은 거대한 무리를 지어 온 대륙을 휘저으며 살았지요.

- '새의 발'을 가진 조각류 공룡들은 새처럼 발가락이 세 개였고, 매우 빨리 달릴 수 있었어요.

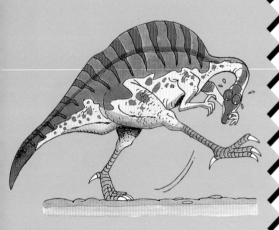

- 쥐라기에 살았던 빠르고 민첩한 조반류의 후손인 조각류 공룡들은 점점 더 몸집이 커지고 덩치가 좋아졌어요. 그래서 점차 네 발로 걷게 되었지요. 하지만 위험에 처하면 여전히 두 발로 뛸 수도 있었어요.

왜 이구아노돈은 항상 네 발을 땅에 대고 있었을까요?

이구아노돈은 코끼리와 비슷한 5톤의 몸무게에, 몸 길이가 10~12m로 대형 버스만했어요. 그렇게 거대한 몸집 때문에 네 발로 걸어다녔어요. 발톱은 발굽 모양을 하고 있었어요.

왜 이구아노돈이라는 이름을 갖게 되었을까요?

고생물학자들이 이구아노돈을 처음 발견한 것은 1809년 영국에서였어요. 발굴 순간에 이구아나와 비슷한 모양의 이빨이 먼저 눈에 띄었지요. 그 당시만 해도 공룡의 존재가 크게 알려지지 않았기 때문에 이빨

의 특징을 따서 이구아노돈이라는 이름을 붙이게 되었어요. 사실 이빨이 유일하게 이구아나와 이구아노돈의 공통점이랍니다.

힙실로포돈은 어떻게 돌아다녔을까요?

힙실로포돈은 긴 다리와 섬세하고 유연한 신체 덕분에 매우 빨리 움직일 수 있었어요. 몸 길이가 2m, 몸무게는 25kg 정도인 힙실로포돈은 두 발로 최고 시속 40km로 달릴 수 있었어요.

힙실로포돈은 어떻게 먹이를 갉아먹었을까요?

백악기에 살았던 대부분의 조반류처럼 힙실로포돈도 매우

이구아노돈은 아주 특이한 발을 가지고 있었어요. 앞발에는 다섯 개의 발가락이 있는데, 그중 독특하고 날카로운 엄지발가락은 직각으로 돌출되어 집게처럼 사용했어요. 뒷발의 발가락은 네 개로 그중 첫번째 발가락은 퇴화했어요.

조각류는 어떻게 지구를 정복했을까요?

조각류는 어떤 기후에도 잘 적응했어요. 아프리카에서 살았던 오우라노사우루스는 등에 태양열을 재분배할 수 있는 피부막을 가졌을 정도였지요.

촘촘한 이빨이 위아래로 빼곡하게 나 있어서 입을 다물면 딱 들어맞을 정도였어요. 잎이나 꽃을 뾰족한 부리로 잘라 낸 다음 이빨로 꼭꼭 씹어 먹었어요.

으켜서 시속 40km의 속력으로 달려나갈 수 있었어요. 그리고 앞발에는 아주 치명적인 무기를 가지고 있었지요. 바로 엄지발가락에 달린 단도 모양의 발톱이 무기였어요.

왜 이구아노돈을 조심해야 할까요?

이구아노돈은 갑자기 몸을 일

어머나!

1878년 벨기에에서는 10m 길이의 온전한 이구아노돈의 뼈가 30개가량 발굴되었어요. 발견된 장소는 광산이었는데, 한 곳에서 그렇게 많은 공룡이 한꺼번에 발견된 것은 그때가 처음이었답니다.

오리 부리를 가진 공룡들

- '오리 부리 공룡'이라는 이름으로 더 잘 알려진 하드로사우루스과 공룡들은 오리처럼 넓고 납작한 주둥이와 혹, 주머니, 그리고 머리 위에 난 볏 등 특이한 생김새를 하고 있었어요.

- 이구아노돈의 후손인 오리 부리 공룡들은 등장한 지 얼마 되지 않아서 가장 많은 수를 차지하게 되었고, 백악기 후기까지 살아남았어요.

- 하드로사우루스가 살아남을 수 있었던 세 가지 주요 원인은 첫째, 큰 몸집에도 불구하고 민첩하게 두 발로 달릴 수 있었고, 둘째, 많은 이빨로 무엇이든 가리지 않고 먹을 수 있었으며, 마지막으로 매우 끈끈한 공동체 생활을 유지했다는 점이에요.

왜 에드몬토사우루스는 식물에게 무서운 존재였을까요?

에드몬토사우루스는 무려 800여 개의 마름모꼴 이빨이 있었어요. 여러 겹으로 줄지어 있는 이빨은 빠지더라도 끊임없이 새로 돋아났지요. 이 튼튼한 이빨로 과일과 곡식, 풀 등을 잘게 씹어 먹었어요. 14m의 몸 길이와 4톤의 몸무게를 자랑하는 육중한 덩치에도 불구하고 나무 꼭대기의 먹이를 차지하기 위해 두 발로 일어설 수 있었답니다.

왜 파라사우롤로푸스는 머리 위에 관이 있었을까요?

콧구멍에서 시작된 구멍 뚫린 볏은 머리를 따라 휘어지면서 뒤통수까지 이어지는데, 그것은 호흡관이 아니라 자신의 울음소리를 더 그게 확대하여 내보내는 울림통 역할을 했어요. 또한 동족끼리 서로를 부를 때나 적이 다가왔음을 알리는 데 유용하게 사용되었지요.

사우롤로푸스는 어떻게 풍선을 사용했을까요?

사우롤로푸스의 머리 뒤쪽에는 볏 대신 작고 단단한 뿔이 있었어요. 주둥이에는 부풀려서 소리를 내는 피부 주머니가 달려 있었고요. 그래서 무리에서 떨어져 있어도 신호를 주고 받을 수 있었어요.

크르릉 크르릉

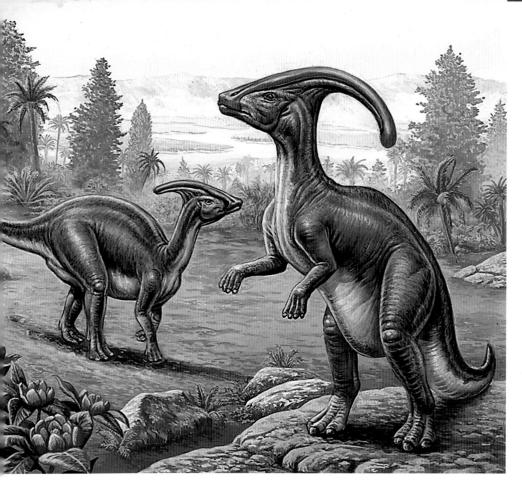

코리토사우루스는 어떻게 멋을 냈을까요?

코리토사우루스의 머리 꼭대기에는 부채 모양의 멋들어진 볏이 있었어요. 이 볏은 죽을 때까지 계속 자랐지요. 어린 코리토사우루스는 볏의 크기가 아주 작고, 암컷은 중간 크기, 다 자란 수컷은 가장 큰 볏을 자랑했어요. 따라서 볏은 매력을 뽐낼 뿐만 아니라 종족 내에서의 서열을 뜻하기도 했어요. 그러니까 가장 큰 볏을 가진 코리토사우루스가 우두머리였지요.

오리 부리 공룡들은 북아메리카와 아시아 전역에 널리 퍼져 살았어요. 다가올 공격에 대비하기 위해 위험한 상황을 서로 알릴 수 있는 매우 진화한 공룡이었답니다.

친타오사우루스는 어떻게 외계인과 비슷했을까요?

중국 산동성에서 발견된 이 공룡은 두 눈 사이에 앞쪽으로 솟은 속이 빈 뿔이 나 있었어요. 그것에 대해 고생물학자들은 위험을 알릴 때 부풀려서 소리를 내거나 암컷을 유혹하기 위한 것이라는 의견을 내놓았지요.

어머나!

파라사우롤로푸스의 관처럼 생긴 볏은 2m까지 자랄 수 있었어요.

마이아사우라

- 오랫동안 공룡도 다른 대부분의 파충류처럼 알을 낳은 다음 그대로 방치했다고 믿어 왔어요.

- 하지만 1978년 미국에서 둥지 군락이 발견되면서 그런 생각이 바뀌었지요. 공룡알 화석뿐만이 아니라 다 자란 공룡과 새끼 공룡이 한곳에서 발견되었기 때문이에요. 적어도 한 마리 이상의 어미 공룡이 새끼들을 보살폈어요.

- '착한 엄마 도마뱀' 이라는 뜻의 마이아사우라 공룡은 오리 부리 공룡에 속하고, 몸 길이는 9m, 몸무게는 3톤 정도였어요.

마이아사우라는 어떻게 둥지를 만들었을까요?

둥지를 짓는 과정은 작은 둔덕을 만드는 것부터 시작되었어요. 그런 다음 둔덕의 가운데를 파서 넓이 2m, 깊이 50cm 정도의 구멍을 만든 뒤 그 안에 약 스무 개의 알을 낳았지요. 알들을 원형으로 배치해서 각각의 알이 서로 부딪치지 않도록 했어요. 그러한 과정은 공룡의 발뿐만 아니라 오리처럼 생긴 부리까지 총동원해서 이루어졌답니다.

왜 알을 품지 않았을까요?

몸무게가 3톤에 달하는 마이아사우라가 알 위에 앉는다면 모두 깨져 버리고 말았을 거예요. 그래서 직접 알을 품어 열

기를 주는 대신 모래와 풀을 덮어서 그것이 썩을 때 나오는 열로 알을 데웠어요.

왜 부화를 기다리는 것이 지루하지 않았을까요?

마이아사우라는 수천 마리가 무리를 지어 살았어요. 어미 공룡들은 매년 같은 곳에서 같은 시기에 함께 알을 낳아 교대로 알을 돌보며 서로를 도왔지요. 일부 어미 공룡들이 알이나 새끼를 돌보는 동안 다른 공룡들은 먹이를 구해 오는 식으로 말이에요.

아빠 공룡은 어떤 일을 했을까요?

공룡의 뼈 화석으로 성별을 구별하기란 매우 어려운 일이에요. 그래서 아빠 공룡이 새끼를 돌보는 일에 참여했는지 확실히 밝혀내기는 어렵지요. 어쩌면 어느 정도 자란 어린 공룡들이나 늙은 공룡들과 함께 평지에 머물면서 보호자 역할을 했을 수도 있어요. 어미 공룡들도 갓 태어난 새끼들이 조금 자라면 무리에 합류했을 거예요.

고생물학자들은 마이아사우라의 둥지 간격이 7m로 일정하다는 것을 밝혀냈어요. 어미 공룡들은 둥지 주변의 일정한 장소에 자리를 잡고 함부로 둥지 위를 넘어 다니지 않았어요.

알에서 깨어난 새끼들을 어떻게 돌보았을까요?

막 태어난 마이아사우라 새끼들은 크기가 35cm밖에 되지 않았어요. 뼈도 단단하지 않아서 제 발로 잘 설 수도 없었지요. 그래서 생후 몇 개월 동안은 어미 공룡이 새끼 주변을 지키며 새들처럼 새끼에게 직접 먹이를 물려 주었어요.

어머나!

1998년 아르헨티나에서 엄청난 공룡의 군락지가 발견되었어요. 수천 개의 티타노사우루스 둥지가 1km² 내에서 발견된 것이에요. 그 가운데 열두 개의 둥지에는 부화하기 전의 공룡알이 들어 있었어요.

갑옷 공룡들

- 쥐라기와 백악기의 무시무시한 육식공룡들로부터 자신을 보호하기 위해 갑옷을 마련한 공룡이 있었어요. 바로 '갑옷 도마뱀' 이라는 뜻을 가진 안킬로사우루스와 '울퉁불퉁한 도마뱀' 이라는 뜻의 노도사우루스예요. 그런 공룡류 공룡들은 뼈로 만들어진 두꺼운 골판을 몸에 지녔답니다.

- 그리고 그 두꺼운 방패에는 뾰족한 가시가 튀어나와 있었어요.

- 이 곡룡류들은 온화한 성격의 초식공룡이었어요. 무시무시한 방패는 포식자의 공격을 방어할 때만 사용되었지요.

갑옷 공룡들은 어떻게 공격에 대처했을까요?

갑옷 공룡들은 적을 만났을 때 몸을 웅크려서 갑옷이 있는 쪽을 공격하도록 유도했어요. 공격자들이 갑옷을 물어뜯어 이빨이 상하기를 기다렸던 거예요. 갑옷은 머리부터 꼬리까지, 그리고 옆구리 부분을 덮고 있었지요. 머리 부분의 갑옷은 작고 둥근 모양이고, 어깨와 등을 덮은 갑옷은 큰 사각형 모양을 하고 있었어요.

왜 안킬로사우루스는 꼬리에 곤봉을 달고 다녔을까요?

갑옷 공룡들의 몸 중에서 공격에 취약한 부분은 바로 배였어요. 그래서 포식자 공룡들은 갑옷 공룡의 몸을 뒤집으려 하거나 뒤에서 공격해 왔지요. 그런 상황이 되면 안킬로사우루스는 꼬리를 이용하여 반격을 시도했어요. 뼈로 이루어진 이 둥근 꼬리 곤봉은 티라노사우루스의 다리를 부러뜨릴 만큼 강력했답니다.

왜 안킬로사우루스는 잔디 깎는 기계였을까요?

무거운 무게 때문에 몸을 일으킬 수 없었던 안킬로사우루스는 낮은 곳에 난 풀과 잡초, 나뭇가지만 먹을 수 있었어요. 안킬로사우루스의 이빨은 매우 약해서 거의 씹지 않은 채 그냥 삼켰어요.

① 몸 길이가 7m인 에우오플로케팔루스는 안킬로사우루스의 일종으로 꼬리 몽둥이의 무게만 해도 30kg 정도가 나갔어요. ② 에드몬토니아는 노도사우루스과에 속하며 몸 길이는 7m, 몸무게는 4톤이었어요.

왜 노도사우루스는 노도사우루스과 공룡들 가운데 유일하게 가시가 없었을까요?

미국에서 살았던 노도사우루스는 종족 전체를 대표하는 이름을 가졌지만, 다른 공룡들과는 달리 몸에 가시가 나지 않았고, 마치 거대한 문신을 새긴 듯한 생김새를 하고 있었어요. 하지만 노도사우루스의 갑옷은 그 어떤 공룡의 것보다도 두꺼웠지요. 수백 개의 정사각형 모양의 조각들이 서로 단단히 결합되어 있었거든요. 그것은 전문가들이 소결절이라고 밝혀낸 혹 위에 자리잡고 있었어요. 그 때문에 노도사우루스라는 이름이 붙여졌어요.

노도사우루스과 공룡들의 가시는 어떻게 배열되어 있었을까요?

갑옷 공룡들은 각기 자신만의 특징이 있었어요. 미국에서 살았던 에드몬토니아는 어깨와 옆구리에 가시가 있고, 유럽에서 살았던 '가시 많은 도마뱀'이라는 뜻의 폴라칸투스와 힐라에오사우루스는 옆구리에 수평으로, 꼬리 쪽에는 수직으로 가시가 나 있었어요.

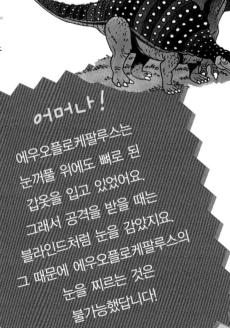

어머나!

에우오플로케팔루스는 눈꺼풀 위에도 뼈로 된 갑옷을 입고 있었어요. 그래서 공격을 받을 때는 블라인드처럼 눈을 감았지요. 그 때문에 에우오플로케팔루스의 눈을 찌르는 것은 불가능했답니다!

스테고사우루스

- 스테고사우루스는 '지붕 얹은 도마뱀' 이라는 뜻이에요. 등에 두 줄로 늘어선 뾰족한 삼각형 골판이 마치 지붕을 얹고 있는 듯한 인상을 주기 때문이지요.

- 스테고사우루스는 1억 4천5백만 년 전인 쥐라기에 아시아에서 살았어요. 나중에는 아프리카와 북아메리카, 유럽까지 영역을 넓혔지요. 하지만 백악기에 확실히 밝혀지지 않은 신비로운 이유 때문에 갑자기 멸종되고 말았어요.

- 검룡류에 속하는 스테고사우루스는 행동이 굼뜨고 무거운데다가 똑똑하지도 못했어요. 이 초식공룡은 커다란 몸집에 비해 머리와 뇌가 매우 작았어요.

스테고사우루스는 등에 있는 골판을 어떻게 사용했을까요?

스테고사우루스의 등에 난 비늘의 일종인 골판에는 여러 개의 혈관이 있었어요. 스테고사우루스는 그 골판을 통해 체온을 조절했어요. 체온을 높이려면 햇볕 아래 머무르면서 혈관을 통과하는 혈액이 열기를 받도록 했고, 체온을 내리려면 골판을 세운 채 그늘에서 혈액이 식기를 기다렸어요.

스테고사우루스는 어떻게 먹고 살았을까요?

풀을 먹고 살았어요. 스테고사우루스의 부리는 날카로웠지만, 이빨은 매우 작았어요. 그래서 부드러운 잎사귀만 먹을 수 있었지요.

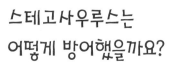

스테고사우루스는 어떻게 방어했을까요?

스테고사우루스 중에서 일부는 꼬리에 두 쌍으로 늘어선 40cm의 가시를 가지고 있었어요. 스테고사우루스의 꼬리는 매우 유연했지요. 그래서 공격을 받을 때는 안킬로사우루스와 마찬가지로 꼬리를 휘둘러서 방어했어요.

북아메리카에 살았던 거대한 스테고사우루스는 스테고사우루스과를 대표하는 공룡이에요. 스테고사우루스의 등에 난 골판은 높이가 60cm 정도였어요.

켄트로사우루스는 어떻게 고슴도치처럼 행동했을까요?

켄트로사우루스는 몸 길이가 5m 정도였어요. 갑옷이 없는 대신 등 한가운데부터 꼬리까지 7~8쌍의 가시가 나 있고, 허리 부근에는 두 개의 가시가 옆으로 더 나와 있었어요.

땅에 닿을 듯한 자세로 다녔지요. 하지만 그런 생활 방식 덕분에 스테고사우루스는 뛰어난 후각을 지니게 되었어요.

왜 스테고사우루스는 머리를 항상 숙이고 있었을까요?

뒷발이 앞발에 비해 매우 길고 등이 굽었기 때문이에요. 또 몸이 무거워서 두 발로 일어서지 못하고 네 발로 다녀야만 했어요. 그래서 항상 머리가

어머나!

스테고사우루스 중에서 몸집이 큰 공룡은 9m의 몸 길이에 몸무게가 5톤까지 나갔어요. 하지만 뇌의 크기는 고작 호두알 정도밖에 되지 않았어요.

얼굴에 뿔이 난 공룡들

- 8천년 전 백악기 후기에 나타난 '뿔이 난 얼굴'이라는 뜻의 케라톱스과 공룡들은 코뿔소와 비슷했지만, 생김새가 좀 더 특이했어요.

- 몸집이 크고 무거운 케라톱스과 혹은 각룡류는 당당하고 안정적으로 걸어다니면서 땅에서 자라는 작은 풀을 먹고 살았지요. 하지만 공격을 받으면 씩씩하게 대항하기도 했어요.

- 케라톱스과 공룡은 대략 20여 종이 있어요. 그들은 크기와 프릴의 모양, 뿔의 수에 의해 구분할 수 있어요.

왜 어떤 케라톱스에게는 뿔이 없었을까요?

초기의 케라톱스는 앵무새와 비슷하게 생긴 부리와 목덜미에 프릴이 있고, 뿔 대신 주둥이 위에 작은 혹이 나 있었어요. 그중 가장 유명한 공룡은 프로토케라톱스로서 몸 길이가 1~2m로 그리 크지 않았고, 몸무게는 400kg 정도였어요. 초기의 케라톱스들은 매우 가벼워서 두 발로 걸어다니는 공룡도 있었어요. 미크로케라톱스의 경우는 크기가 60cm밖에 되지 않았어요.

왜 트리케라톱스가 나타나면서 복잡해졌을까요?

진화를 거듭하면서 케라톱스

공룡들은 점점 더 몸집이 커졌고 프릴이 넓어졌으며 뿔을 가지기 시작했어요. 케라톱스 중에서 가장 유명한 '세 개의 뿔이 난 얼굴'이라는 뜻의 트리케라톱스는 몸 길이가 9m, 몸무게는 5~10톤이 나갔으며 눈가에 1m 길이의 뿔이 나 있고, 그보다 좀 작지만 두꺼운 뿔이 콧등 위에도 돋아 있었어요.

왜 트리케라톱스에게는 프릴이 있었을까요?

트리케라톱스의 프릴은 목덜미를 공격하는 것을 막기 위해

① ②

아시아에 나타난 각룡류 공룡들은 이후 아메리카 대륙까지 퍼져 나갔어요. ① 트리케라톱스와 ② 토로사우루스는 크고 강력했어요.

왜 카스모사우루스는 매력적이었을까요?

카스모사우루스의 프릴은 매우 거대했어요. 가장자리에는 작고 뾰족한 가시가 사방으로 뻗어 있었지요. 프릴은 암컷을 유혹하기 위해 화려한 색깔을 자랑했어요. 펜타케라톱스도 마찬가지로 화려한 프릴을 가졌고, 머리에 두 개의 뿔이 더 나 있었어요.

서었어요. 프릴은 속이 빈 뼈에 피부만 살짝 덮여 있었지요. 암컷보다 수컷의 프릴이 더 컸고, 죽을 때까지 계속 자랐어요. 프릴은 유혹의 수단이자 무리 내에서의 서열을 뜻하기도 했어요.

하지만 뿔은 매우 뾰족했고, 프릴에도 뾰족하고 휘어진 여러 개의 뿔이 사방으로 나 있었어요.

왜 스티라코사우루스는 가장 뾰족한 뿔을 가지고 있었을까요?

스티라코사우루스는 콧등에 뿔이 하나밖에 없었어요. 게다가 그 길이도 트리케라톱스 뿔의 절반밖에 되지 않았지요.

어머나!

'황소 도마뱀'이라는 뜻의 토로사우루스는 지금까지 존재한 육상동물들 가운데 가장 큰 두개골을 가진 것으로 알려져 있어요. 커다란 목덜미 프릴 때문에 토로사우루스는 머리 길이만 2.5m나 되었어요.

투구를 쓴 박치기 공룡들

- 갑옷 공룡, 뿔이 난 공룡, 가시가 있는 공룡과 함께 백악기에 살았던 후두류 공룡들은 작고 가벼우며 두 발로 걸었어요.

- 조반류 공룡들은 머리에 뼈로 된 단단한 투구를 쓰고 있었지요. '두꺼운 머리를 가진 도마뱀'이라는 뜻의 파키케팔로사우루스라는 이름이 어울릴 만했어요. 아시아의 파키세팔로사우루스들은 평평한 투구를 썼고, 아메리카에서 살았던 공룡들은 볼록한 형태의 투구를 썼어요.

- 투구는 싸울 때 사용했으리라 짐작하는데, 정확히 어떤 방식으로 쓰였는지는 여전히 풀리지 않는 수수께끼로 남아 있어요. 투구를 쓴 공룡의 화석이 매우 적기 때문이에요.

왜 투구를 썼을까요?

공격으로부터 방어하기 위해서였어요. 파키케팔로사우루스는 암컷도 수컷과 마찬가지로 머리에 단단한 보호 투구를 쓰고 있었어요. 하지만 수컷이 좀 더 확실한 투구 모양을 갖추고 있었지요. 투구는 시간이 갈수록 점점 자랐고 더 두꺼워졌어요. 따라서 투구의 크기가 클수록 무리 내에서 서열 싸움을 할 때 유리했어요.

왜 호말로케팔레는 박치기 챔피언이었을까요?

아시아의 투구 공룡 가운데 하나인 호말로케팔레의 두개골은 아주 평평하고 두꺼웠어요. 호말로케팔레는 싸울 때 머리를 숙인 채 서로를 공격했어요. 두개골이 평평해서 양들처럼 다치지 않고 상대에게 충격을 줄 수 있었어요.

둥근 모양의 투구 공룡들은 어떻게 싸웠을까요?

둥근 모양의 투구는 평평한 것보다 충격을 잘 흡수하지 못했기 때문에 주로 옆구리나 어깨 같은 곳을 공격했으리라 짐작해요.

왜 스티키몰로크는 바이킹 같은 모습을 했을까요?

스티키몰로크의 투구에는 커다란 송곳처럼 튀어나온 부분이 있었어요. 심지어 주둥이에도 뿔이 돋아나 있었지요. 하지만 별로 단단하지는 않았기

① 몸 길이가 5m인 파키케팔로사
우루스는 투구 공룡들 가운데 가
장 컸어요. ② '뿔 지붕'이라는 뜻
의 스테고케라스는 미국에서 살았
던 공룡으로 돔 형태의 투구로 유
명하지요.

파키케팔로사우루스는 왜 그렇게 신비한 존재일까요?

파키케팔로사우루스의 몇 가
지 특징이 과학자들에게 관심
을 불러일으키고 있어요. 그
중 하나는 이빨이 초식동물처
럼 아주 작은데도 육식동물처
럼 매우 날카로운 점이에요.
또 호말로케팔레는 새끼를 낳
기 쉬워 보이는 넓은 골반을
가졌어요. 공룡에 관해서는 여
전히 풀어야 할 미스테리가 많
아요. 어쩌면 공룡은 다른 어
떤 동물보다 진화한 형태였을
지도 몰라요.

곳에서 발견되었기 때문이에
요. 몸 길이는 4m 정도
였어요.

때문에 무서운 인상을 주는 역
할밖에는 하지 못했어요. '스
티크스의 몰로스', 즉 지옥 강
의 '공포의 신'을 뜻하는 이름
은 스티키몰로크가 미국 몬타
나 주의 '악마의 동굴'이라는

어머나!

파키케팔로사우루스의
두개골 두께는 25cm에요!
스테고사우루스는 5cm밖에
되지 않는데 말이에요.
사람의 두개골은
6mm밖에 되지 않아요.

공룡과 함께

ZZZ......

- 백악기에는 공룡들의 먹잇감이 되거나 아니면 공룡에게 맞서는 용감한 동물들이 등장했어요.

- 백악기 후기에 가장 많은 수의 포유류가 등장했지요. 대부분은 나무 아래서 공룡을 피해 숨어다니는 작은 포유류였지만, 그중 일부는 대범한 용기를 가지고 있었어요.

- 뱀이나 큰 도마뱀 같은 새로운 파충류들도 등장했어요. 악어는 트라이아스기부터 살고 있었고 시간이 갈수록 점점 더 강력한 존재감을 가지게 되었어요.

초기의 포유류는 어떤 모습이었을까요?

10~15cm 정도로 작은 몸집이었지만, 긴 꼬리와 뾰족한 주둥이, 땅을 팔 수 있는 날카로운 발톱을 가졌어요. 곤충이나 지렁이를 먹기도 하고, 자신들의 적인 작은 육식공룡들이 잠든 밤에는 사냥을 나가기도 했지요. 쥐라기 동안 유럽과 아시아 지역으로 모르가누코돈이, 아프리카에는 메가조스트로돈 등이 많이 퍼져 나갔어요.

포유류는 어떻게 나타났을까요?

포유류는 '개의 이빨' 이라는 뜻을 지닌 키노돈트의 후손이에요. 공룡이 등장하기 전인 트라이아스기 초기에 나타난 이 파충류는 새끼에게 젖을 물

릴 수 있는 유방과 털, 예민한 수염, 송곳니와 앞니, 그리고 어금니를 갖게 되었지요. 그로부터 얼마 지나지 않아 공룡이 나타났고, 키노돈트와 그 후손인 포유류는 포식자들의 눈에 띄지 않으려고 작은 몸집을 유지했어요.

왜 크루사폰티아는 뻔뻔했을까요?

백악기에 나타난 크루사폰티아는 다람쥐와 비슷했어요. 나무를 탈 줄 알았기 때문에 포식자의 눈에 띄더라도 걱정이 없었지요. 이 동물은 알을 낳지 않는 최초의 포유류 가운데 하나로, 아주 작은 새끼를 낳아 어느 정도 자랄 때까지 배 주머니 안에서 보호하며 키웠어요. 그래서 새끼와 함께 어디든지 다닐 수 있었답니다.

일부 포유류와 파충류는 공룡과 더불어 살아가는 법을 배웠어요.

왜 공룡들이 물을 마시는 것은 위험했을까요?

백악기의 연못과 강가에는 만만치 않은 파충류들이 많이 살고 있었어요. 그중 가장 무서운 존재는 역사상 가장 큰 악어인 데이노수쿠스였어요. 몸 길이가 15m로 북아메리카 지역에서 살았지요. 아프리카에 살았던 12m의 사르코수쿠스는 데이노수쿠스보다는 작았지만, 돌출된 주둥이와 상대에게 치명적인 상처를 입히는 무시무시한 이빨을 가졌어요.

이지요. 행동이 매우 재빠르고 근육질의 다리와 얇고 긴 주둥이를 가진 잘람달레스테스는 달리고 뛰어오를 수 있었을 뿐만 아니라 나무에도 오를 수 있었어요. 곤충을 잡아먹었으며, 생김새는 뾰족뒤쥐와 비슷했어요.

왜 잘람달레스테스는 민첩했을까요?

백악기 후기에 아시아에서 살았던 잘람달레스테스는 최초의 유태반류 동물 가운데 하나예요. 그러니까 현재 살고 있는 대부분의 포유류처럼 완전한 모습의 새끼를 낳았다는 뜻

어머나!

2004년 중국에서 레페노마무스의 뼈가 발견되었어요. 그리고 그 뱃속에서 프시타코사우루스의 한 종류로 보이는 뼈가 나왔는데, 오소리만한 크기의 이 동물은 공룡 앞에서도 송곳니를 드러낼 정도로 용감했어요.

멸종

- 6천5백만 년 전 공룡과 하늘을 나는 파충류, 바다파충류 같은 일부 동물들이 멸종했어요.

- 과학자들은 지금도 그 원인에 대해 연구를 계속하는 중이에요. 학자들은 대부분 거대한 소행성이나 운석의 충돌이 지구의 기후 변화를 일으켜서 많은 동·식물이 죽었을 거라는 가설에 의견을 모으고 있어요.

- 또 다른 학자들은 화산 폭발이 대멸종 사태를 가져왔다고 짐작하지요.

그러한 변화가 6천5백만 년 전에 일어났다는 것을 어떻게 알 수 있을까요?

공룡이나 여러 동물들의 화석이 신생대 전에 형성된 지층에 많이 남아 있기 때문이에요. 그 지층 위에는 화석이 거의 없거나 몇몇 생물종의 화석은 아예 찾아볼 수조차 없어요. 그 두 지층의 경계가 바로 6천5백만 년을 가리키지요. 그것을 K-T 경계층이라고 해요. K는 백악기, T는 신생대를 뜻해요.

왜 지구와 소행성이 충돌했다고 생각할까요?

K-T 경계층을 구성하는 암석을 분석해 보면 지구에는 거의 존재하지 않는 금속이 포함된 것을 알 수 있어요. 그 물질은 유성에 매우 풍부하게 존재하는 이리듐이에요. 또한 같은 시기에 바다에서 형성된 침전물을 수거하여 현미경으로 관찰해 보면, 소행성이 충돌하여 생긴 분화구에서 발견되는 것과 같은 변이된 물질이 관찰된답니다.

어떻게 분화구를 발견했을까요?

멕시코 부근은 소행성의 충돌 등 큰 충격에 의해 변이된 이리듐 같은 물질의 농도가 높았어요. 그래서 그 지역을 계속해서 조사한 결과 멕시코의 한 도시 지하 1km에 폭이 200km,

6천5백만 년 전 지름이 10km인 소행성이 멕시코 지역에 떨어져 충돌했어요.

그 폭발의 기류와 먼지는 수천km 떨어진 곳의 생명체들에게까지 영향을 미쳤어요. 그리고 1km 높이의 파도가 북아메리카를 휩쓸었지요. 그뿐 아니라 엄청난 쓰나미와 지진이 지구 전역에 휘몰아쳤어요. 그 때문에 두꺼운 먼지 구름이 하늘을 뒤덮었고 몇 년 동안 지구에는 햇빛이 들지 못했답니다.

어떻게 그런 변화가 일어났을까요?

소행성은 지구의 대기권을 시속 60,000km의 속력으로 뚫고 들어와 지표면에 닿으면서 폭발하여 먼지가 되어 버렸어요. 하지만 그 강력한 충돌의 힘은 지층을 뒤흔들었지요.

깊이는 10km가량의 커다란 분화구가 있는 것을 발견했지요. 지질학자들은 그 분화구가 6천5백만 년 전에 형성되었다는 사실을 분석해 냈어요.

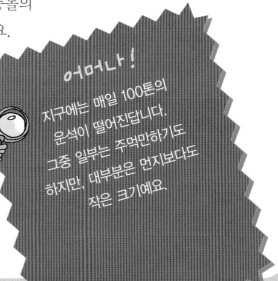

어머나!

지구에는 매일 100톤의 운석이 떨어진답니다. 그중 일부는 주먹만하기도 하지만, 대부분은 먼지보다도 작은 크기예요.

왜 지구의 상황은 충돌 이전에도 그리 좋지 못했을까요?

백악기가 막을 내리기 5백만 년 전쯤 바다의 수면이 낮아졌어요. 많은 지역이 겨울은 춥고, 여름은 뜨겁고 건조한 대륙성 기후가 되었지요. 지각판의 변동 때문에 인도에서 화산이 폭발했고 잿빛 구름이 하늘을 뒤덮으면서 식물들이 죽어갔어요. 그 때문에 대형 초식공룡들은 이미 먹이가 부족해서 약해진 상태였어요.

충돌 이후의 지구는 어땠을까요?

어둡고 얼어붙는 듯한 혹독한 겨울에 접어들게 되었어요. 하늘의 검은 구름은 걷힐 줄 몰랐지요. 육식공룡과 초식공룡은 그런 기후 변화에 영향을 받을 수밖에 없었어요.

어떻게 일부 동물들은 살아남을 수 있었을까요?

살아남은 동물들은 우선 몸집이 작았어요. 악어를 제외하고 25kg가 넘는 동물들은 모조리 멸종했으니까요. 살아남기 위해서는 외부 상황에 덜 의존해야 했지요. 지하에 숨거나 더 좋은 날이 오기를 기다리며 느리게 살아갔어요. 곤충, 괄태충(민달팽이), 달팽이, 두꺼비, 개구리, 새 등 작은 포유류처럼 겨울잠을 자거나 구멍 안에서 사는 동물들, 그리고 먹이를 덜 먹어도 되는 동물들만 살아남았답니다.

어떻게 조류와 포유류는 궁지에서 벗어날 수 있었을까요?

조류와 포유류는 온혈동물이기 때문이에요. 몸을 따뜻하게 하기 위해 햇볕을 쬐어야 하는 파충류들과는 달리 새와 포유류는 스스로 따뜻한 체온을 만들어 낼 수 있었어요. 하늘을 나는 파충류와 바다파충류, 공룡 등 모든 파충류는 그 때문에 죽음을 맞이했지요. 하지만 뱀과 몇몇 도마뱀은 진흙이나 낙엽 아래로 몸을 피해서 그것이 분해될 때 나오는 열로 체온을 유지한 덕분에 살아남을 수 있었어요.

왜 바다는 슬픔에 잠겼을까요?

바다의 먹이사슬에 기본이 되

충돌 이후 어두워진 지구의 모습이에요. 다행히 은신처에 숨어 있던 일부는 살아남을 수 있었어요.

왜 먹을 것을 가리지 않아야 했을까요?

하이에나처럼 썩은 고기도 마다하지 않는 일부 육식동물들은 급격한 기후 변화로 인해 먹이를 거의 찾을 수 없는 상황에서도 살아남을 수 있었어요. 게와 불가사리, 그리고 큰 몸집의 파충류로서 유일하게 살아남은 악어도 마찬가지였어요.

는 플랑크톤이 기후 변화 때문에 타격을 받아 그 수가 엄청나게 줄었어요. 그래서 먹이사슬이 크게 흔들렸고, 그것이 바다파충류의 멸종에 커다란 영향을 미쳤지요. 해수면이 낮아지면서 사냥 공간이 줄어든 것도 하나의 원인이 되었어요. 강과 하천의 상황은 그보다 조금 나았는데, 죽은 식물이 부패하면서 먹이사슬의 바닥을 형성했기 때문이에요. 그것은 수천 톤이나 되었답니다.

어머나!

인도 남부의 데칸 고원에는 용암이 굳어진 지형이 수십만 km²에 걸쳐 퍼져 있고 1km 높이의 절벽이 있어요. 그것은 6천5백만 년 전에 만들어진 것이랍니다.

나무 위에 사는 동물들

- 6천5백만 년 백악기가 끝나고 새로운 시대가 열렸어요. 바로 신생대랍니다.

- 날씨는 매우 덥고 습했으며, 오염되지 않은 거대한 숲이 곧 온 지구를 뒤덮었어요.

- 중생대를 거쳐 살아남은 포유류는 세력을 넓혀 갔어요. 여전히 크기는 작았지만, 나무에 오르고 높이 뛰어오르고 심지어 날아오르는 법까지 배웠지요. 북아메리카와 유럽에서는 영장류라는 새로운 무리가 등장했어요.

어떻게 카르폴레스테스는 히치하이크를 할 수 있었을까요?

카르폴레스테스는 한눈에 보아도 백악기에 살았던 조상들과 크게 달라 보이지 않았어요. 하지만 발바닥을 펼치면 이야기가 달라지지요. 카르폴레스테스의 발에는 다섯 개의 발가락이 나 있고 발톱이 사람처럼 평평했어요. 이전에 살았던 공룡들의 휘어진 발톱에서 벗어나게 된 것이지요. 또한 엄지발가락이 반대 방향으로 움직이는 최초의 영장류 중에 하나였답니다. 그 유연한 엄지발가락으로 나뭇가지를 그러쥐거나 붙잡을 수 있었고, 과일이나 견과류의 껍질을 벗길 수도 있었어요.

왜 노타르크투스는 체조 선수였을까요?

노타르크투스는 다른 동물들보다 긴 꼬리와 유연한 허리를 가지고 있었어요. 그래서 머리를 뒤로 늘어뜨린 채 나뭇가지에 매달리거나 위험천만하게 나무 사이를 건너뛸 수 있었지요. 또한 큰 눈과 커다란 엄지발가락이 있어서 한밤중에도 날벌레들을 사냥할 수 있었어요. 여우원숭이의 조상은 아마도 이 노타르크투스의 친척이었을 거예요.

'하늘을 나는 양탄자'는 어떻게 신생대 숲 속을 날았을까요?

날원숭이류가 진짜 새처럼 날 수 있었던 것은 아니지만, 발목과 꼬리 사이에 연결되어 있는 피부막을 펼쳐서 100m 정도

91

5천5백만 년 전 영장류와 박쥐들은 무화과와 종려나무, 떡갈나무, 너도밤나무가 자라던 북아메리카의 숲을 지배했어요.

왜 어두운 밤은 이카로니크테리스의 세상이었을까요?

어둠이 내리면 이카로니크테리스는 하늘을 날기 시작했어요. 12cm 크기의 이카로니크테리스는 이빨이 많고, 날개 끝마다 발톱이 나 있었어요. 고음의 소리를 내어 귀로 그 반사 음향을 들으면서 밤하늘을 날았지요. 이 작은 동물이 바로 최초의 박쥐였답니다.

활공할 수 있었어요. 날원숭이류가 팔과 다리를 벌리면 막이 펼쳐졌는데, 그 피부막을 마치 날개처럼 이용하여 허공을 가르며 날 수 있었지요. 날원숭이류는 영장류와 관련이 있어요.

플레시아다피스는 눈은 다른 포유류처럼 양옆이 아니라 앞쪽을 향해 있었어요. 그와 같은 변화로 인해 입체감과 거리감을 더 잘 파악하게 되면서 나무 사이를 날아다니는 것이 더 유리해졌지요.

왜 플레시아다피스는 더 잘 보게 되었을까요?

어머나 !
6천3백만 년 전에 살았던 푸르가토리우스를 연구한 미국의 한 연구팀은 그것이 영장류의 한 종류였다는 결론을 내렸어요.

나무 아래의 초식동물들

- 포유류들은 점차 나무 위를 떠나 위험천만한 나무 아래를 탐험하기 시작했어요. 발톱은 땅에서의 생활에 유리한 평평한 발굽 모양으로 변해 갔지요. 그것이 발끝에 발굽이 있는 포유류, 즉 '유제류'의 시작이었어요.

- 그들 가운데에는 코뿔소와 맥, 말 등의 조상이 되는 동물들도 있었어요. 또한 낙타의 등장을 알리는 동물도 있었지요. 하지만 생김새는 지금 우리가 알고 있는 동물들과는 전혀 다르답니다.

- 생김새는 다르지만, 하마의 조상인 동물도 나타났어요.

왜 말과 맥, 코뿔소는 모두 조상이 같을까요?

그 동물들에게는 공통점이 하나 있었어요. 바로 홀수의 발가락을 가졌다는 점이에요. 코뿔소와 맥은 세 개, 말은 한 개의 커다란 발굽을 가지고 있었지요. 6천만 년 전에 살았던 그들 모두의 조상인 페나코두스는 최초로 발굽을 가진 동물이었어요. 페나코두스의 생김새는 양을 닮았지만, 털은 닮지 않았고, 꼬리는 표범과 비슷했어요.

왜 겉모습은 말과 비슷하지 않았을까요?

둥근 등과 짧은 목, 날카로운 이빨과 뾰족한 주둥이, 20cm의 키에 몸 길이가 55cm인 작은 몸집, 발굽이 있으며 고양이처럼 발에 쿠션이 있는 동물이 바로 히라코테리움이에요.

5천5백만 년 전에 나타난 말의 조상 중 하나였지요.

왜 코뿔소는 뿔을 가지고 있지 않았을까요?

같은 시기에 살았던 히라키우스는 히라코테리움보다는 조금 더 컸지만, 아직 뿔이 없었고 가죽도 단단하지 않았어요. 다리가 긴 히라키우스는 맥과 비슷하게 생겼으며, 나뭇잎과 풀을 먹었어요. 그 히라키우스가 바로 코뿔소의 조상이에요.

윈타테리움은 어떻게 코뿔소와 비슷했을까요?

두꺼운 가죽과 육중한 몸, 두 줄로 난 세 쌍의 뿔은 코뿔소와 헷갈릴 정도였어요. 하지만 윈타테리움은 원시 유제류에 속해요. 키가 2m에 달해 당시 초식동물들 가운데 가장 컸어요. 입 안에는 기다란 송곳니가 나 있어서 적의 공격으로부터 자신을 방어하는 데 사용했지요. 먹이를 찾아 늪을 파헤칠 때는 송곳니가 밖으로 나오기도 했어요.

신테토케라스의 뿔은 암컷을 유혹하는 데 사용했으리라 추측해요.

신 머리에 뿔이 나 있었지요. 수컷한테만 뿔이 세 개 있었는데 두 개는 머리 위쪽으로, 한 개는 두 갈래로 갈라져 주둥이에 나 있었어요.

왜 낙타의 조상은 사슴과 생김새가 비슷했을까요?

신테토케라스는 낙타와 라마의 조상으로 유럽과 북아메리카의 숲에서 살았어요. 하지만 등에 혹은 찾아볼 수 없고 대

어머나!

코리포돈의 뇌는 90g으로, 0.5톤인 몸무게에 비해 아주 작아요. 두개골의 길이가 1m인 데 비해 뇌가 10cm밖에 되지 않는 윈타테리움은 그다음을 차지하지요.

사냥하는 새

신생대 초기의 가장 거대한 포식자는 바로 새들이었어요! 공룡은 이미 사라졌고, 포유류는 여전히 몸집이 작아서 새들한테는 진정한 적수가 없었지요. 그래서 조류는 점점 더 몸집이 커지고 무거워졌으며, 키는 2~3m에 이르게 되었어요.

- 그들 중 대부분은 날지 못하는 대신 매우 빨리 달릴 수 있었어요. 게다가 날카로운 맹수의 발톱과 근육질의 다리를 가지고 있었지요.

- 갈고리 모양으로 굽은 부리는 사냥감의 뼈도 부러뜨릴 수 있을 만큼 크고 단단했어요.

선사시대에 살았던 새들의 존재는 어떻게 밝혀졌을까요?

1855년에 몸 길이가 2.1m이고 몸무게는 0.5톤인 새의 뼈가 독일에서 발굴되었어요. 과학자들은 발견한 사람의 이름을 따서 '가스통의 새'라는 뜻의 가스토르니스라는 이름을 붙여 주었어요.

왜 새들은 날개를 잃어버렸을까요?

여전히 날개를 가지고 있었지만, 너무 작아서 쓸모가 없었어요. 새들을 위협할 만한 존재가 없어서 적을 피해 도망다닐 필요가 없었고, 나는 법까지 잊고 말았지요. 그 당시 새들은 지금의 타조처럼 날지 않고 달리는 것을 좋아했어요.

가스토르니스는 어떻게 사냥을 했을까요?

히라코테리움 같은 작은 포유류를 사냥했어요. 아마도 사냥감을 계속 추격하여 지치게 한 다음 단숨에 따라잡아 거대한 부리로 잡아챘을 거예요. 단단한 부리로 먹잇감을 잡고 숨이 끊어질 때까지 흔들었겠지요.

가스토르니스가 육식동물이었다는 것을 어떻게 알 수 있을까요?

가스토르니스의 납작한 부리는 앵무새와 비슷해요. 그래서 연구 초기에는 곡식이나 견과류를 먹었을 것으로 생각했지

왜 거대한 새들의 일부는 날개를 계속 가지고 있었을까요?

2천만 년 전부터 1천만 년 전까지 미국에는 역사상 가장 큰 크기를 자랑하는 아르젠타비스라는 새가 살고 있었어요. 양 날개를 펼친 길이가 8m나 되었지요. 하지만 그에 비해 몸은 아주 작았어요. 날갯짓을 할 때는 오히려 이 커다란 날개가 거추장스러웠기 때문에 아르젠타비스는 지금의 독수리처럼 주로 활공하면서 다른 동물의 시체를 먹고 살았어요.

요. 하지만 연구를 계속하면서 가스토르니스의 턱이 유연하게 움직일 수 있다는 사실을 알게 되었고, 따라서 고기를 먹었을 거라는 결론을 내리게 되었어요.

이런 사냥 광경은 신생대에 흔히 볼 수 있었어요. 그 당시 새들은 여전히 자신의 조상인 공룡들과 많은 공통점을 가지고 있었답니다.

장하는 4천만 년 전쯤 가스토르니스의 알들은 자주 약탈의 대상이 되었지요. 무시무시하게도 그것이 새의 종말을 가져오게 되었어요.

왜 멸종했을까요?

가스토르니스는 땅에 둥지를 짓고 알을 낳았어요. 그래서 거대한 육식 포유류가 처음 등

어머나!
지금까지 지구상에 등장한 바닷새 중에서 가장 큰 것은 오스테오돈토르니스였어요. 갈매기의 조상이기도 한 이 새는 날개를 펼쳤을 때의 길이가 6m였지요. 부리에 난 이빨로 물고기를 잘게 찢을 수도 있었어요.

포유류의 반격

- 신생대의 시작과 함께 일부 포유류는 사냥에 뛰어났어요. 하지만 여전히 몸집이 작아서 위협적인 존재는 되지 못했어요.

- 얼마 지나지 않아 새로운 육식 포유류가 지구를 장악하기 시작했어요. 바로 하이에나를 닮은 크레오돈트와 멧돼지를 닮은 엔텔로돈트, 그리고 지구상에 존재한 육식 포유류 중에서 가장 거대한 크기의 안드류사르쿠스가 등장한 것이에요.

- 그 포악한 포유류들은 신생대가 저물면서 함께 사라졌지요. 후손조차 남기지 않고 말이에요.

하이에노돈은 어떻게 사냥을 했을까요?

하이에노돈은 마치 거대한 하이에나와 같은 생김새를 하고 있었어요. 매우 빨리 달려 사냥감을 쫓아가서는 강력한 턱뼈로 단번에 목덜미를 물었지요. 생김새는 많이 닮았지만, 지금의 하이에나와는 아무런 관련이 없어요. 7백만 년 전 지구에서 완전히 자취를 감추었답니다.

왜 안드류사르쿠스는 모두를 공포에 떨게 했을까요?

안드류사르쿠스는 몸 길이가 6m에 달했으며, 달리기는 하이에노돈보다 느렸어요. 두개골의 크기가 1m였고, 치명적인 이빨을 가지고 있었어요.

왜 안드류사르쿠스는 멸종했을까요?

그 이유는 3천5백만 년 전 지구가 다시 빙하기로 접어들었기 때문이에요. 숲은 대초원으로 변해 갔고, 나무에서 내려온 초식동물들의 달리기는 점점 빨라졌지요. 육중한 몸을 가진 안드류사르쿠스는 그런 환경의 변화에 적응하지 못했어요.

왜 돼지는 무서운 존재였을까요?

3천5백만 년 전 오늘날의 돼지와 멧돼지의 친척인 엔텔로돈트가 나타났어요. 엔텔로돈트

엔텔로돈트가 하이에노돈의 공격을 받아 죽은 것으로 보이는 우인타테리움을 뜯어 먹는 모습이에요.

눈에는 잘 띄지 않았지만, 훌륭한 나무타기 선수였어요. 미아시스는 사냥을 하기 위해 나무에 올라갔지요. 다른 포유류들처럼 위협적인 존재는 아니었지만, 누구보다도 빠르고 교활했어요. 바로 이 미아시스가 나중에 나타날 고양잇과 동물, 또 곰과 늑대 같은 진정한 육식동물의 조상이랍니다.

의 주둥이에는 뿔이 나 있었고, 상아로 먹잇감을 공격했지요. 사냥에 성공하면 강한 턱과 날카로운 이빨로 갈가리 찢어 먹었어요. 그들 가운데 가장 치명적인 것은 '파괴자의 이빨'이라는 뜻의 다에오돈으

로 몸 길이가 3m, 몸무게가 1.5톤이나 되는 무서운 포식자였어요.

미아시스는 어떻게 자신의 차례를 기다렸을까요?
담비만한 크기의 미아시스는

어머나!
안드류사르쿠스는 육식동물의 날카로운 발톱 대신 발굽을 가지고 있었어요. 이 무서운 포식자는 발굽이 있는 포유동물인 유제류에 속해요.

날카로운 이빨을 가진 바다 동물

- 5천만 년 전 땅에서 살았던 가장 큰 육식 포유류 중 일부가 바다로 거처를 옮겼어요.

- 털이 사라지는 대신 수영하기 좋게 조금씩 물고기의 꼬리를 갖게 되었지요. 그들이 바로 새롭게 바다에 적응한 바다포유류인 고래의 탄생을 가져왔어요.

- 하지만 그때 나타난 고래는 지금의 평화로운 고래의 모습과는 매우 달랐어요. 메갈로돈과 함께 역사상 가장 큰 크기를 기록한 그 당시 고래들은 바다를 공포의 도가니로 몰아넣은 장본인이었답니다.

초기의 고래는 어떻게 걷는 법을 알고 있었을까요?

고래들은 오랫동안 네 발을 가지고 있었어요. '걸어다니는 고래'라는 뜻의 암불로케투스는 4천8백만 년 전 파키스탄 부근의 바다에서 살았던 고래예요. 거대한 물개와 닮은꼴인 암불로케투스는 물갈퀴가 달린 네 개의 발이 있었지요. 마치 카누의 노처럼 생긴 발은 물속에서 앞으로 헤엄쳐 나갈 때 쓰였고, 쉬려고 둑으로 나올 때도 사용했어요.

왜 그들은 상어만큼이나 무서운 존재였을까요?

당시의 고래들은 아직 수염이 없었어요. 대신 육식동물처럼 날카로운 이빨이 있었지요. 물고기나 오징어를 사냥했고, 상어와 싸우는 일도 있었어요. 그들 가운데 가장 두려운 존재는 3천7백만 년 전에 살았던 바실로사우루스였어요. '대왕 도마뱀'이라는 뜻으로, 25m의 몸 길이와 거대한 바다뱀을 닮은 생김새 때문에 붙여진 이름이에요.

왜 바실로사우루스는 재미있는 모습을 하고 있었을까요?

바실로사우루스의 앞발은 지느러미로 진화했지만, 여전히 아주 작은 뒷발을 가지고 있었어요. 이 작은 발은 물 밖으로 나가지 않는 바실로사우루스에게

왜 상어는 점점 더 무서운 존재가 되었을까요?

4억 3천만 년 전에 처음 나타난 상어는 점점 더 몸집이 커지고 몸무게도 불어났어요. 그러다가 2천5백만 년 전에 '거대한 이빨'이라는 뜻의 메갈로돈 상어가 등장했지요. 현재의 백상어보다 몸 길이가 세 배쯤 되었고, 몸무게는 30배나 더 나갔어요. 290여 개의 이빨은 각각 15~21cm로 한 개의 무게만 해도 500g에 입의 너비는 2m 정도였어요.

16m의 몸 길이와 60톤의 몸무게를 자랑하는 메갈로돈은 역사상 가장 큰 물고기였답니다.

는 아무런 쓸모가 없었어요. 또한 고래과 동물들의 머리 위에 있는 숨구멍 대신 주둥이에 콧구멍이 있었어요. 그래서 자주 물 밖으로 콧구멍을 내놓고 숨을 들이마시곤 했지요.

돌고래는 어떻게 등장했을까요?

시간이 흐르면서 고래류는 두 종류로 나뉘었어요. 일부는 최초의 현대적인 고래 가운데 하나인 케토테리움처럼 수염을 갖게 되었고, 다른 하나는 돌고래의 조상인 에우리노델피스처럼 이빨을 보존했어요.

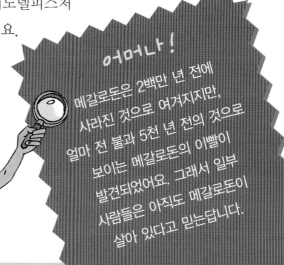

어머나!

메갈로돈은 2백만 년 전에 사라진 것으로 여겨지지만, 얼마 전 불과 5천 년 전의 것으로 보이는 메갈로돈의 이빨이 발견되었어요. 그래서 일부 사람들은 아직도 메갈로돈이 살아 있다고 믿는답니다.

거대한 동물들의 지배

● 3천5백만 년 전 지구의 기온이 다시 내려가고 비가 적어지면서 초원이 숲을 대신하게 되었어요. 그 시기는 신생대 전반부인 제3기의 중간쯤이었어요.

● 초원에는 몸을 숨길 만한 장소가 충분하지 않아서 몸집이 작은 초식동물들은 대부분 포식자의 공격을 피하지 못하고 죽음을 맞이했어요.

● 그 시기에 거대한 포유동물들이 나타나기 시작했어요. 그 가운데 대부분은 발굽이 있는 유제류였으며, 코뿔소와 코끼리, 말 같은 동물들도 살았어요.

왜 지구의 날씨가 추워졌을까요?

극지방이 오스트레일리아 대륙과 분리되어 지구의 남쪽으로 이동했기 때문이에요. 이 새로운 대륙의 기온은 매우 낮았고, 주변의 바다 역시 차가웠지요. 그 때문에 온 대륙이 만년설로 뒤덮였어요.

역사상 가장 큰 포유류는 어떻게 생겼을까요?

1999년 파키스탄에서 발견된 발루키테리움은 긴 목과 뿔이 없는 머리가 특징이었어요. 몸길이는 10m, 키는 8m, 몸무게는 20톤으로 현재 아프리카 코끼리의 네 배에 달하는 크기를 자랑했어요. 코뿔소과에 속해요.

아르시노이테리움은 왜 발루키테리움을 시기했을까요?

거대한 몸집의 아르시노이테리움은 코뿔소의 먼 친척뻘이에요. 주둥이에 난 두 개의 커다란 뿔은 서로 연결된 채 앞을 향해 있고, 머리 꼭대기에도 기린처럼 작은 뿔이 나 있었어요. 아르시노이테리움은 발루키테리움과 함께 3천5백만 년 전부터 2천5백만 년 전까지 아시아에서 살았어요.

브론토테리움은 어떻게 자신을 눈에 띄게 했을까요?

'천둥 짐승'이라는 별명처럼 브론토테리움은 요란하게 행진을 하며 다녔어요. 그들은 코뿔소의 친척들 중 하나로 종류에 따라 다양한 모양의 뿔을

신생대 중반기의 초원에는 거대한 동물들만 살아남을 수 있었어요. ① 발루키테리움과 ② 아시아에 살았던 거대한 악어 중 하나인 프리스티캄푸스예요.

등을 비스듬히 구부린 채 걷는 모습은 꼭 고릴라 같았지요. 땅바닥에 주저앉아 나뭇가지를 끌어내려 나뭇잎을 뜯어 먹는 모습은 판다를 닮았답니다.

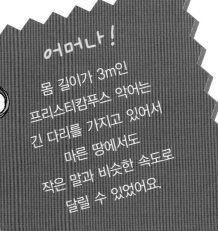

왜 칼리코테리움은 모든 동물의 특징을 가지고 있었을까요?

칼리코테리움의 머리 모양과 크기는 말과 비슷했고, 털과 발톱은 곰과 비슷했으며, 뒷발보다 긴 앞발 때문에 생김새가 고릴라와도 비슷했어요.

가지고 있었지요. 메노세라스는 두 개의 쌍둥이 뿔이 콧잔등에 나 있고, 엠볼로테리움은 코 한가운데에 U자 모양의 뿔이 있었어요. 그리고 메가케롭스의 뿔은 Y자 모양이었어요.

어머나!

몸 길이가 3m인 프리스티캄푸스 악어는 긴 다리를 가지고 있어서 마른 땅에서도 작은 말과 비슷한 속도로 달릴 수 있었어요.

코끼리의 서사시

- 6천만 년 전에 나타난 최초의 코끼리는 커다란 코도 없었고, 크기도 돼지와 비슷했어요.

- '큰 코를 가진 동물'이라는 뜻의 장비류가 등장한 이래 170여 가지 종류로 다양하게 진화했어요.

- 그 당시에는 많은 코끼리가 살고 있었어요. 코끼리들은 여행하는 것을 매우 좋아해서 다양하고 놀라운 방어 수단을 가지고 지구의 대륙을 대부분 장악했지요. 변화하는 기후에도 잘 적응해서 신생대 후기까지 지구의 주인 역할을 했답니다.

왜 최초의 코끼리들은 하마를 닮았을까요?

물놀이를 좋아했기 때문이에요. 4천만 년 전 북아메리카의 늪지대에서 살았던 메리테리움은 키가 1m에 발이 매우 작고 하마처럼 포동포동했지요. 긴 코 옆에 난 네 개의 커다란 이빨은 진흙을 헤쳐 식물을 찾는 데 사용되었어요. 네 개의 이빨 중에서 두 개는 앞쪽을 향해 났고, 두 개는 바닥을 향해 작은 상아와 같은 모양을 하고 있었어요.

어떻게 코끼리의 모습을 갖추게 되었을까요?

3천5백만 년 전, 기후가 건조해지면서 대부분의 습지가 사바나 지역으로 변했어요. 메리테리움의 후손인 피오미아는

그런 변화에 적응하면서 포식자에게 대항하기 위해 2.5m의 큰 키를 갖게 되었어요. 피오미아는 이제 더 이상 먹잇감을 물속에서만 찾지 않아도 되었지만, 2.5m의 키로는 여전히 나무에서 먹을 것을 찾기는 힘들었지요. 그래서 환경에 적응하면서 조금씩 코가 자랐고, 코를 마치 팔처럼 사용하여 나뭇가지를 잡아당길 수 있게 되었어요. 상아도 점점 위쪽으로 이동하면서 위턱에 자리를 잡았어요. 1천만 년 동안 이런 변화가 완성된 거예요. 그렇게 오늘날 코끼리의 모습이 탄생했답니다.

그 상아로 땅을 파서 나무의 뿌리를 캐 먹고 살았어요.

왜 곰포테리움은 더 잘 무장했을까요?

곰포테리움에게는 두 쌍의 상아가 있었어요. 한 쌍은 아래쪽을 향한 채 위턱에서 자랐고, 다른 한 쌍은 똑바로 앞을 향해 났으며 아래턱에서 자랐어요. 이 네 개의 상아는 서로 교차하면서 맞물려 있어 진흙을 파거나 땅을 파헤치는 데 매우 유용했답니다.

왜 데이노테리움은 '무서운 포유류'라는 이름을 갖게 되었을까요?

2천3백만 년 전 아프리카를 지배한 이 동물은 어깨까지의 높이가 4m인 마스토돈과의 코끼

데이노테리움은 신생대에 살았던 가장 큰 코끼리였어요. 그리고 오늘날 존재하는 코끼리의 가장 직접적인 조상이기도 해요.

리였어요. 생김새는 지금의 아프리카 코끼리를 닮았지만 상아는 아래턱에서 자랐어요.

어머나!

1996년 모로코에서 상아를 가진 작은 개 크기의 동물이 발견되었어요. 6천만 년 전에 살았던 것으로 보이는 이 동물의 이름은 포스파테리움이에요. 그것이 지금까지 알려진 것 중 가장 오래된 프로보시디언이에요.

때문에 사바나의 거대한 여행자인 코끼리들은 아프리카를 벗어나 유럽과 아시아, 그리고 알래스카까지 나아갔지요. 그들 중 일부는 헤엄을 쳐서 인도네시아 섬까지 진출했어요. 모든 대륙으로 뻗어 나간 코끼리들은 그곳에서 각기 다양한 종류로 진화했답니다.

왜 곰포테리움은 최초의 코끼리로 여겨질까요?

곰포테리움은 계속 자라는 이빨을 가진 최초의 동물이었어요. 코끼리의 조상으로 여겨지지요. 양턱에 각 1쌍의 엄니가 있는데 위 엄니는 길게 바깥쪽으로 뻗어 있고, 아래 엄니는 길게 주걱 모양으로 돌출되어 있어요. 상아의 크기는 수컷이 더 크고, 키는 3m로 현재 아프리카 코끼리와 비슷했어요.

플라티벨로돈은 어떻게 삽을 갖게 되었을까요?

키가 3m인 이 코끼리는 1천2백만 년 전 유라시아와 아프리카 대륙에 살고 있었어요. 플라티벨로돈은 자신의 조상과 마찬가지로 물이 흐르는 진흙탕 속을 헤엄쳐 다니기 좋아했지요. 그런 생활 방식에 적응하면서 생김새도 변화했어요. 코는 넓고 평평해졌으며, 아래턱에 붙은 상아는 날카로운 모서리를 가진 거대한 삽 같은 역할을 하여 그것으로 강바닥

을 긁어 먹이를 크게 한 삽 떠먹을 수 있었지요. 다 큰 수컷은 아래턱의 길이가 1m쯤 되었어요. 플라티벨로돈은 위턱에도 두 개의 작은 상아가 있었지만, 크게 쓸모 있지는 않았어요.

왜 플라티벨로돈은 나무와 친하지 못했을까요?

상아의 마모된 형태를 연구한 결과 플라티벨로돈은 나뭇가지 역시 먹이로 삼았다는 것을 밝혀낼 수 있었어요.

왜 코끼리가 지구를 지배했을까요?

신생대 초기에 해수면이 크게 상승하고 모든 대륙이 분리되었어요. 그러던 중 1천8백만 년 전 갑작스럽게 해수면이 낮아지면서 아프리카와 유라시아, 그리고 북아메리카 대륙을 잇는 다리가 만들어졌어요. 그

왜 스테고돈은 코를 어찌할 줄 몰랐을까요?

제3기 말에 아시아 지역에서 살았던 스테고돈의 상아는 매머드와 비슷했어요. 바닥을 향하고 바깥쪽으로 휘어져 있었지요. 두 개의 상아는 서로 가까이 붙어 있어서 코가 그 사이로 들어갈 수 없었어요. 그래서 코가 땅에 닿으려면 왼쪽이나 오른쪽으로 기울여야 했답니다.

아난쿠스는 신생대의 제3기가 끝날 무렵 프랑스 남부에 살고 있었어요. 상아는 매우 날카로웠으며 3m까지 자라기도 했어요.

상아가 매우 얇고 뾰족해서 다른 포식자들은 아난쿠스의 상아에 찔릴까 봐 두려워 가까이 다가오지 못했어요.

왜 아난쿠스는 특별했을까요?

유럽에서 살았던 이 코끼리는 단 한 쌍의 상아를 가지고 있었어요. 오늘날의 코끼리처럼 아난쿠스의 상아 역시 위턱에서 나와 앞쪽으로 자랐지요.

어머나!

1천만 년 전 시칠리아 섬과 몰타 섬에 살았던 코끼리들의 키는 1m 정도밖에 되지 않았어요. 섬에서 살게 된 마스토돈의 조상들은 먹이가 부족한 지역에서 몇 세대를 거치면서 몸집이 점점 작아졌어요.

남아메리카에서는……

- 신생대 초기에, 이전까지 아프리카와 북아메리카 대륙에 붙어 있던 남아메리카 대륙이 바다 한가운데로 떨어져 나왔어요.

- 외부와 접촉이 끊긴 그 고립된 대륙에서는 새로운 동물들이 진화해 갔어요.

- 그 가운데 일부는 우리도 잘 아는 나무늘보나 아르마딜로 같은 동물의 조상이 되기도 했지요. 하지만 그 당시에는 지금보다 훨씬 거대한 크기를 자랑했어요. 그밖에 지금은 사라졌지만, 여전히 흥미로운 존재인 마크라우케니아와 틸라코스밀루스 같은 동물들도 살았어요.

에취

왜 마크라우케니아는 코끼리 같은 긴 코를 가졌을까요?

마크라우케니아는 남아메리카에서 살았던 초식동물들 중 하나인 립토테르의 한 종류였어요. 마크라우케니아는 눈 사이에 이상하게 생긴 긴 코를 가지고 있었지요. 그것은 마크라우케니아가 살았던 7백만 년 전의 건조한 대평원 지대인 파타고니아에서 콧구멍이 마르는 것을 막기 위해 진화한 모습이라고 추측해요.

왜 현재의 나무늘보는 예전과 많이 다를까요?

나무늘보의 조상은 지금보다 훨씬 컸어요. 3백만 년 전에 등장한 메가테리움은 6m의 몸 길이에 3톤의 몸무게를 자랑했지요. 나무 위에서 생활하기에는 몸이 너무 무거워서 네 발로 이동하며 땅에서 살았어요. 먹이를 먹을 때는 엉덩이를 땅에 대고 앉아 나뭇가지를 끌어당겨 잎을 뜯어 먹었는데 뒤로 넘어지지 않도록 두꺼운 꼬리로 지탱했어요. 낫 모양의 발톱이 있는 앞발로 나뭇가지를 잘 붙잡을 수 있었어요.

글립토돈은 어떻게 몸을 숨겼을까요?

몸 길이가 5m인 글립토돈은 1m 두께의 딱딱한 등껍질 속으로 머리 끝까지 숨길 수 있었어요. 이 거대한 글립토돈의 몸무게는 1톤이나 되었어요. 글립토돈의 사촌인 도에디쿠루스는 3m 정도로 조금 작았지만, 일부 공룡들이 그랬던 것처럼 뾰족한 가시를 가지고 있었어요.

250만 년 전 지각 변동이 일어나면서 파나마 지협이 융기했고, 그 결과 북아메리카와 남아메리카 대륙이 이어졌어요. 그래서 곰과 날카로운 이빨을 가진 호랑이, 원시 라마와 말 등이 남아메리카 대륙으로 건너왔지요. 새로 나타난 더 강하고 빠른 동물들은 빠른 속도로 그 땅의 원래 주인들을 몰아냈어요.

왜 틸라코스밀루스는
자신의 재주를
숨겼을까요?

생김새가 표범과 비슷하고 주둥이에 난 두 개의 긴 송곳니를 보면 틸라코스밀루스를 고양잇과로 생각하기 쉬워요. 하지만 그것은 잘못된 생각이에요. 사실 틸라코스밀루스는 주머니가 있는 유대류로서, 오스

① 글립토돈과 그의 사촌인 ② 도에디쿠루스예요.

〰〰〰〰〰

트레일리아에서 사는 캥거루의 조상이에요. 그렇듯 남아메리카 대륙에서 고립된 채 진화한 대부분의 유대류는 포식자나 하이에나를 닮았지요.

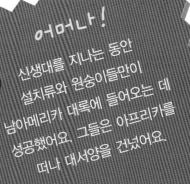

어머나!

신생대를 지나는 동안 설치류와 원숭이들만이 남아메리카 대륙에 들어오는 데 성공했어요. 그들은 아프리카를 떠나 대서양을 건넜어요.

오스트레일리아의 특이한 동물들

아주 오래전에 다른 대륙과 붙어 있던 오스트레일리아는 신생대를 거치면서 독립적인 대륙으로 분리되었어요. 그리하여 4천만 년 전쯤 오스트레일리아는 다른 대륙들과는 완전히 동떨어진 커다란 섬이 되었지요.

그 결과 매우 특이한 동물들이 자라게 되었어요. 오스트레일리아는 주머니에서 새끼를 키우는 유대류의 천국이었어요. 유대류는 더 큰 몸집을 가지게 되거나 포식자로 진화하기도 했어요.

그곳에는 거대한 파충류도 함께 살았어요. 몸 길이가 7m인 악어와 10m인 비단뱀뿐만 아니라 몸무게가 1,600kg 정도 나가고 몸 길이가 7m인 메갈라니아라는 도마뱀도 있었어요.

유대류는 어떻게 오스트레일리아에 도착했을까요?

나무 사이를 건너뛰어 왔어요! 신생대 초기인 6천만 년 전, 북아메리카 대륙을 벗어난 그들은 남아메리카 대륙을 횡단하고 남극을 지난 다음 오스트레일리아에 도착할 수 있었어요. 그 당시 모든 대륙은 빽빽한 정글 숲으로 뒤덮여 있었지요. 유대류들은 작은 포유류로서 그 당시 나무 위에서 생활했어요.

왜 주머니 동물들은 뚱뚱해졌을까요?

온화한 기후에 먹을 것이 풍부한 숲과 연못이 많은 오스트레일리아는 지상낙원과도 같았어요. 부드러운 나뭇잎을 풍족하게 먹을 수 있었던 유대류들은 그 때문에 매우 빠른 속도로 뚱뚱해져서 마치 하마와 비

숫한 모습을 하게 되었지요. 그 가운데 가장 잘 알려진 디프로토돈은 몸 길이가 3m, 키는 2m, 몸무게는 2.5톤이나 나갔어요. 디프로토돈은 역사상 존재한 유대류 중에서 가장 뚱뚱했어요.

왜 일부 유대류는 사자 같은 모습을 하게 되었을까요?

유대류는 대부분 초식동물이었어요. 오스트레일리아에 사는 유대류 가운데 육식을 하는 종류는 하나도 없었지요. 그러다가 몇몇 육식 유대류가 나타나면서 그런 상황을 뒤흔들게 되었어요. 나뭇잎을 뜯어 먹기에 좋은 앞니는 날카로운 송곳니로 변했고, 나무에 오르고 나뭇가지를 건너뛸 수 있는 특

왜 메갈라니아는 별명이 거대한 정육점 주인일까요?

이 커다란 도마뱀은 오스트레일리아에서 살았던 가장 큰 포식자였어요. 눈에 보이는 것은 뭐든지 다 먹어치웠지요. 매우 훌륭한 사냥 실력을 지녔지만, 동물의 시체도 가리지 않고 먹었어요. 긴 다리 덕분에 사냥감과의 경주에서 언제나 승리할 수 있었고, 독성이 있는 침 때문에 한번 물리면 살아날 수 없었답니다.

기를 살려 먹잇감 앞에 갑자기 나타나기도 했지요. 그들 중에서 가장 널리 알려진 것이 틸라콜레오예요.

표범과 분위기와 걸음걸이가 비슷하고 마치 유대류 사자 같은 틸라콜레오는 가장 널리 퍼져 살았어요.

식동물인 캥거루는 포식자의 공격을 피하려고 뒷발로 서는 법을 익히게 되었고, 껑충껑충 뛰어오르기 시작했지요. 스테누루스는 키가 3m인 원시 거대 캥거루예요.

왜 초기의 캥거루는 그렇게 거대했을까요?

캥거루는 디프로토돈의 후손이에요. 5백만 년 전 오스트레일리아의 기후가 건조해지면서 사바나가 점차 숲을 대신하게 되었어요. 둔한 몸집의 초

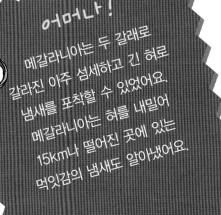

어머나!

메갈라니아는 두 갈래로 갈라진 아주 섬세하고 긴 혀로 냄새를 포착할 수 있었어요. 메갈라니아는 혀를 내밀어 15km나 떨어진 곳에 있는 먹잇감의 냄새도 알아냈어요.

빙하시대

● 지금으로부터 180만 년 전, 새로운 시대가 시작되었어요. 바로 빙하시대였지요. 가장 많이 추워진 곳은 섭씨 10도가량 온도가 내려갔고, 북유럽이나 아메리카, 아시아 지역은 지하 1km 땅속까지 얼어붙었답니다.

● 그 때문에 신생대의 많은 생물이 사라질 위기에 처했지요. 추위를 이겨내는 방법을 알게 된 동물들만 살아남을 수 있었어요.

● 그러한 기후 변화는 신생대 초기를 뜻하는 제3기의 종말과 새로운 시기인 제4기의 시작을 알렸어요. 인류가 처음 등장한 것도 바로 이 시기의 일이랍니다.

어떻게 초식동물이 추위에 적응할 수 있었을까요?

제3기 말에도 대부분의 초식동물들은 작은 크기를 유지하고 있었어요. 날씨가 추워지자 많은 포유동물들은 몸집을 키우고 두꺼운 털옷을 장만했지요. 하지만 비교적 따뜻한 남쪽에서 살았던 동물들은 여전히 작은 몸집에 가죽도 얇았어요.

왜 코뿔소는 더 좋은 털옷을 입게 되었을까요?

코뿔소의 털은 두 겹으로 이루어져 있어요. 안쪽은 검은색의 짧은 털이 촘촘하게 서로 엉겨붙어 있고, 바깥쪽은 불그스름한 털로 안쪽 가죽을 덮고 있었지요.

메가케로스는 어떻게 거대한 뿔을 유지할 수 있었을까요?

2m가 넘는 이 거대한 사슴의 뿔은 봄이면 닳아서 빠져 버리고, 가을이 되면 새로 자라났어요. 그런 점은 현재 우리가 알고 있는 사슴도 마찬가지랍니다.

왜 이 동물들은 모두 커다란 뿔을 가지고 있었을까요?

뿔은 자신을 공격하는 무리로부터 스스로를 보호하거나 겨울이 오면 눈을 긁어내고 파헤치는 용도로도 사용했어요. 황소와 들소의 경우에는 오늘날의 젖소에 비해 훨씬 더 크고 날카로운 뿔을 지녔지요. 뿔의 폭은 1.5m까지 자랐어요.

초원에서 살다가 죽을 때가 된 메가케로스의 뿔은 폭이 3.5m, 무게가 50kg 가까이 나갔어요.

몸 길이는 3m, 키는 2m, 몸무게는 1톤이나 나갔어요. 오늘날의 황소보다 훨씬 공격적이었지요.

왜 원시 황소는 순한 동물이 아니었을까요?

원시 황소의 이름은 '초원의 들소' 라는 뜻에서 나온 오록스였어요. 매우 근육질인데다

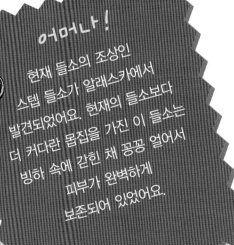

어머나!

현재 들소의 조상인 스텝 들소가 알래스카에서 발견되었어요. 현재의 들소보다 더 커다란 몸집을 가진 이 들소는 빙하 속에 갇힌 채 꽁꽁 얼어서 피부가 완벽하게 보존되어 있었어요.

왜 빙하기가 왔을까요?

지질학자들에 따르면, 빙하기는 지구궤도상의 어떤 변수로 인해 나타났으리라 추측해요. 예를 들어 태양을 돌던 지구의 회전축이 기울거나 하는 것처럼 말이에요.

왜 빙하기라고 해서 항상 춥지만은 않았을까요?

빙하기는 주기를 가지고 있어요. 매서운 추위의 빙하 기간과 그보다는 짧지만 비교적 따뜻한 시기인 간빙기가 교대로

나타났지요. 12만 년 전부터 1만 년 전 사이에 있었던 마지막 빙하기는 가장 혹독하게 추운 기간이었어요.

~~~~~~~~~~

왜 동물들은 여행을 멈추지 않았을까요?

빙하기 동안에도 겨울과 여름이 번갈아 나타났어요. 겨울에는 휘몰아치는 눈보라가 툰드라 지대와 스텝 평원의 일부를 점령했지요. 그 때문에 동물들은 무리를 지어 먹을 것을 찾기 위해 따뜻한 곳으로 이동했어요. 그 동물들은 눈 녹는 여름이 오면 다시 북쪽으로 올라갔어요.

어떻게 그 시기에 프랑스에도 코뿔소가 있었을까요?

빙하기 이전인 신생대 제3기의 기후는 현재보다 매우 따뜻했어요. 열대지방에 사는 코끼리와 코뿔소뿐만 아니라 고양

잇과 동물이나 하이에나 같은 동물들이 유럽과 러시아, 북아메리카 대륙에 살고 있었지요. 빙하기가 시작되자 많은 동물들은 추워진 기후에서 살아남기 위해 환경에 적응해야만 했어요.

왜 여러 동물이 해안가로 찾아왔을까요?

이 시기에 신기한 동물 여행객들이 지중해를 많이 찾아왔어요. 날씨가 너무 추워서 현재 북극에 사는 동물들이 아프리카 해안에 정착하려고 찾아올 정도였지요. 그 결과 당시 지중해에는 바다표범이나 뚱뚱해져서 더 이상 날 수 없게 된

털이 있는 코뿔소는 빙하기에 살았던 동물들 가운데 가장 유명했어요.

4만 년 전에는 호모사피엔스 또는 크로마뇽인이라고 불리는 인류가 아프리카에서 유럽으로 건너왔어요. 결국 동물들은 도구와 무기를 사용할 줄 아는 이 새로운 공격자들과 함께 살아갈 수밖에 없었답니다.

펭귄, 바다소와 그 친척 등이 살았어요.

왜 그 동물들은 성가신 새 이웃을 맞이해야 했을까요?

새로운 이웃은 바로 인간이었어요! 최초의 유인원이 250만 년 전 아프리카에서 처음 나타난 뒤로 180만 년 전에는 호모 에렉투스라는 걸어다니는 유인원이 등장했지요. 빙하기 동안 사바나는 더욱 건조해졌고, 화재가 자주 발생했어요. 인류는 그런 상황 덕분에 곧 불을 이용하는 법을 배웠고, 북쪽으로 삶의 터전을 확장해 갔어요. 그리하여 45만 년 전 유럽에서는 스텝 지역에 적응한 네안데르탈인이라는 새로운 인류가 등장했답니다.

어머나!

제4기는 아직도 끝나지 않았어요. 말하자면 우리는 간빙기를 살고 있답니다. 지금으로부터 2만~5만 년이 지나면 지구는 다시 빙하기에 접어들 거예요.

113

매머드

- 최초의 매머드가 나타난 것은 첫 번째 빙하기가 오기 전인 480만 년 전의 일이었어요. 매머드의 조상은 1천8백만 년 전 유럽과 아시아로 건너온 아프리카 코끼리와 같아요.

- 초기의 매머드는 어깨까지의 높이가 5.5m 정도로 거대한 몸집이었고, 털은 나지 않았어요.

- 약 180만 년 전에 매머드는 점차 털을 갖추기 시작했어요. 키는 3m로 작아졌지만, 몸무게는 3톤으로 더욱 묵직해져서 추위에 더 잘 견딜 수 있게 되었지요.

왜 매머드는 추위에 잘 견딜 수 있었을까요?

매머드는 2cm 두께의 털가죽이 있었을 뿐만 아니라 가죽 밑에는 10cm 정도 두꺼운 지방층이 있었어요. 체온을 빼앗길 만한 귀와 꼬리 부분은 거대한 몸에 비하면 매우 작았어요.

매머드의 털은 어땠을까요?

매머드는 코 끝부터 꼬리 끝까지 털로 뒤덮여 있었고, 털은 3층으로 되어 있었어요. 첫 번째 층은 짧고 빽빽한 털, 두 번째 층은 중간 길이의 털, 세 번째 바깥쪽 털은 길게 엉켜 있었지요. 그리고 매년 여름마다 두 번째와 세 번째 층의 털옷을 갈아입었어요.

왜 머리 위에 혹이 있었을까요?

낙타의 혹처럼 지방을 저장해 두는 이 혹은 겨울에 오랫동안 먹이를 구하지 못할 때를 대비한 것이었어요. 필요할 때 지방을 녹여서 에너지로 사용했지요. 머리 위만이 아니라 등에도 그와 비슷한 혹이 있었지만, 두꺼운 털에 감추어져 밖으로 드러나지 않았어요.

드였어요. 수컷들은 어느 정도 나이가 들면 무리에서 떨어져 나와 독립적인 생활을 했어요. 그리고 암컷을 차지하기 위해 싸움도 마다하지 않았지요. 상아가 뒤엉켜 있는 수컷 매머드 두 마리의 뼈가 발굴된 적도 있답니다.

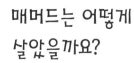

매머드는 어떻게 살았을까요?

매머드의 생활 방식은 지금의 코끼리와 매우 비슷했어요. 암컷들은 무리를 지어 새끼들과 함께 생활했어요. 무리의 대장은 나이 많은 암컷 매머

매머드는 어떻게 먹이를 찾았을까요?

매머드는 상아로 눈을 파헤칠 수 있었어요. 그리고 긴 코를 이용하여 잡목의 나뭇가지와 뿌리, 잡초와 이끼, 솔방울까지 닥치는 대로 먹어 치웠지요.

어머나 !

매머드의 상아는 평생 동안 자랐어요. 점점 더 날카롭게 자라는 상아는 얼굴 쪽으로 휘어졌지요. 나이 많은 수컷 매머드는 상아 하나의 무게만 해도 140kg까지 나갔다고 해요.

동굴의 사냥꾼

- 겨울이 오면 스텝 지대의 기온은 영하 50도 아래로 내려가기도 했어요. 그래서 선사시대의 인류는 추위를 피할 만한 곳을 찾아 골짜기의 동굴에서 생활하기 시작했지요.

- 그곳에서 인류는 종종 반갑지 않은 손님을 맞이하기도 했어요. 어둠 속에서 곰이나 고양잇과 동물들, 하이에나 등이 나타났던 거예요.

- 인류가 등장한 제4기의 유럽과 북아메리카, 러시아 등지에는 추위에 잘 적응하여 살아남은 사바나 출신의 고양잇과 동물들이 가장 많이 살고 있었어요.

왜 동굴에서 살던 사자는 오늘날의 사자와 비슷하지 않을까요?

그 당시의 사자들은 오늘날의 사자와 같은 갈기가 없는 대신 몸 전체가 두꺼운 털로 뒤덮여 있었어요. 추위에 적응하기 위해서였지요. 얼굴은 좀 더 평평했고 목은 다부졌으며 오늘날의 사자보다 덩치가 더 컸어요. 몸 길이는 3.5m, 몸무게는 300kg 정도 나갔지요. 그 크기는 지금까지 존재한 모든 고양잇과 동물 중에서 가장 컸어요. 여름이 되면 사자는 평원에서 들소 등을 사냥했고, 겨울에는 동굴에 머물면서 추위를 피했어요.

왜 동굴에서는 하이에나의 방문을 조심해야 했을까요?

사자만한 크기의 거대한 하이에나는 얼룩이 있는 회색털과 날카로운 이빨을 가지고 있었어요. 동굴에서 살지는 않았지만, 동물의 시체를 찾으려고 주변을 배회했지요. 만약 먹이를 찾지 못하면, 동굴에 살고 있는 동물을 공격하기도 했어요.

왜 곰은 장롱 같은 존재였을까요?

빙하기의 곰은 지금의 회색곰보다 더 거대했어요. 뒷발로 서서 일어나면 키가 2.5m에 달했지요. 그렇게 커다란 곰 앞에서는 인간도 아주 작은 동물에 불과했어요.

왜 스밀로돈의 미소는 소름이 끼쳤을까요?

스밀로돈은 검치 즉 '칼날 이빨'을 뜻해요. 20~25cm에 이르는 두 개의 송곳니는 입을 다물어도 밖으로 삐죽 나와 있었지요. 송곳니는 먹잇감을 물 때 힘을 더 잘 받도록 뒤쪽으로 휘어졌고 구멍이 나 있었어요. 사냥할 때 그 송곳니로 물면 단번에 끝나고 말았어요. 사냥감이 피를 다 흘린 뒤에야 송곳니에 힘을 푸는 지독한 사냥꾼이었어요.

선사시대의 인간들은 겨울 날 곳을 마련하기 위해 종종 곰이 차지하고 있는 동굴을 습격했어요. 하지만 곰 역시 쉽게 자신의 집을 빼앗기지는 않았어요.

왜 곰들은 성격이 나쁜 깍쟁이였을까요?

발견되는 화석에서 알 수 있듯이 빙하기의 곰은 커다란 어금니를 가진 초식동물이었어요. 그래서 식물과 과일만을 섭취했지요. 겨울이 오면 동굴 안에서 지내면서 추위를 피했고,

새끼도 낳았어요. 하지만 자신의 영역이 침해당하는 것을 싫어해서 누군가 침입하면 크게 화를 냈어요.

어머나!

그 당시에는 쉴 만한 곳이 넉넉하지 않았기 때문에 원래 혼자 사는 습성을 지닌 곰도 때로는 무리를 지어 생활할 수밖에 없었어요. 그래서 오스트리아에서는 무려 3만 마리의 곰 화석이 한 동굴에서 발견되기도 했어요.

대규모의 멸종 사태

- 5만 년 전에서 2천 년 전 사이에, 지구에서 살았던 대부분의 대형 동물들이 사라지고 말았어요.

- 오스트레일리아와 남아메리카, 마다가스카르뿐만 아니라 유럽과 북아메리카 대륙에서 살았던 여러 동물 가운데 75%의 포유류가 멸종했어요.

- 그 커다란 재앙에 대해서는 의문을 가질 수밖에 없어요. 아마도 빙하기가 끝나면서 기후가 급격히 변한 것이 가장 중요한 원인이었을 거예요. 하지만 일부 지역에서는 인류가 등장한 시기와 멸종 사태가 발생한 시기가 일치하기도 해요.

왜 대부분의 동물들이 빙하기 동안 멸종했을까요?

매머드나 털이 있는 코뿔소, 큰 뿔 사슴인 메가케로스 등의 대형 초식동물들은 날씨가 따뜻해지기 시작한 1만 년 전에 멸종했어요. 나뭇잎이 아닌 풀을 먹는 식습관을 가진 이 거대한 동물들은 스텝 지대를 대체하게 된 숲 속 생활에 적응하지 못했지요. 하지만 인간의 사냥도 멸종에 한 원인이 되었어요. 그리고 나뭇잎을 먹고 살았던 동굴에 사는 곰 역시 멸종했답니다. 초식동물이 멸종되기 시작하면서 그들의 포식자인 스밀로돈이나 동굴 사자 등도 굶어죽고 말았어요.

몇몇 동물들은 어떻게 살아남을 수 있었을까요?

순록, 말, 들소 등 몇몇 동물들은 생존에 성공했어요. 새로운 환경에 잘 적응했기 때문일까요? 아니면 단순히 인간들에게 가축으로서의 가능성이 발견되었기에 살아남을 수 있었을까요? 그에 대한 정확한 답은 아직 밝혀지지 않고 있어요.

왜 오스트레일리아의 괴물들은 모두 멸종했을까요?

오스트레일리아의 경우는 완전히 반대였어요. 5만 년 전 날씨가 다시 추워지고 건조해지자, 숲이 사라지고 사바나 지역이 자리잡게 되면서 가시덤불에서는 화재가 자주 발생했어요. 그 시기에 오스트레일

이 거대한 여우원숭이는 오랫동안 고립된 마다가스카르 섬에서 살았어요. 하지만 인간이 그 섬에 나타난 지 5백년이 지나자, 메갈라다피스는 사라져 버렸어요.

또 글립토돈은 2톤짜리 방패를 등에 지고, 메가테리움은 두꺼운 털 아래 작은 뼈로 촘촘히 이루어진 갑옷을 입고 있었지요. 하지만 그런 보호 장비가 1만 년 전 남아메리카 대륙에 최초로 나타난 인디언들의 화살까지 막아 주지는 못했어요. 그래서 그들은 얼마 지나지 않아 모두 사라져 버렸답니다.

리아의 거대한 동물들이 모두 사라지고 말았어요. 그 가운데는 사바나에서 잘 적응하여 살았던 대형 캥거루도 포함되어 있었어요. 그 당시의 잦은 화재는 인류가 불을 사용하면서 발생한 것이라는 가설이 점점 인정받는 추세랍니다.

어떻게 불멸할 것 같았던 동물들까지 사라졌을까요?

지금으로부터 2백만 년 전 남아메리카에서는 아르마딜로와 대형 그라운드 나무늘보가 북아메리카에서 건너온 포식자들의 공격으로부터 생존에 성공했어요. 보호 장비를 잘 갖추고 있었기 때문이에요.

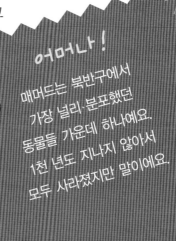

어머나!

매머드는 북반구에서 가장 널리 분포했던 동물들 가운데 하나에요. 1천 년도 지나지 않아서 모두 사라졌지만 말이에요.

인간의 사냥

- 2천 년 전부터 수많은 동물들이 인간의 이기심 때문에 사라지고 말았어요.

- 인간은 동물의 고기와 털, 가죽을 욕심냈지요. 그래서 대부분 사냥에 의해 희생되고 말았어요. 또한 농사에 해가 되거나 가축을 해칠 수 있다고 생각하여 죽인 동물들도 있어요.

- 지금도 일부 동물들은 매우 불안한 상황에 놓여 있거나 특정 지역에만 남아 있어요. 현재 큰 무리를 지어 생활하더라도 언제 멸종할지 알 수 없는 상태랍니다.

왜 모아새는 사라졌을까요?

모아새는 지금까지 지구에서 살았던 가장 거대한 새예요. 키는 3.7m, 몸무게는 250kg 정도였지요. 모아새가 그렇게 커질 수 있었던 이유는 그들이 살았던 뉴질랜드 섬에는 작은 박쥐를 제외하면 어떤 포유류도 살지 않았기 때문이에요. 그래서 모아새를 공격할 만한 동물은 독수리밖에 없었지요. 모아새는 독수리를 피하려고 빨리 달리는 법을 배웠고, 나는 법은 잊어버리게 되었어요. 800년 전 마오리족이 뉴질랜드 섬으로 이주해 오면서 모아새를 사냥했고, 200년 뒤에는 독수리나 박쥐와 함께 사라지고 말았어요.

왜 도도새는 사라졌을까요?

80cm 키에 몸무게가 25kg쯤 되는 조금 크고 토실토실한 도도새는 별다른 포식자가 없는 인도양의 모리셔스 섬에서 살았어요. 1598년 네덜란드 탐험가들의 배가 그 섬에 정박했는데 배 안에는 고양이와 개, 돼지와 최악의 불청객인 들쥐가 타고 있었어요. 그들은 모두 도도새를 쫓기 시작했고, 너무 뚱뚱해서 빨리 뛰지 못하는 도도새는 잡히고 말았지요. 100년 정도 흐른 뒤인 1680년에 도도새는 결국 지구에서 영영 사라졌어요.

왜 큰바다쇠오리는 사라졌을까요?

빙하기 동안 유럽 부근에서 살았던 큰바다쇠오리는 빙하기가 끝나면서 북쪽의 뉴펀들랜

모호새는 왜 그렇게 사라졌을까요?

옛날 대부분의 모호새들은 태평양 섬에서 살고 있었어요. 이 검은 새들의 꼬리와 옆구리 부근에는 열 개 정도의 노란 깃털이 나 있었지요. 그 깃털은 매우 진귀하고 아름다워서 모든 부족의 족장이 모호새의 깃털로 화려한 망토를 만들려고 했어요. 망토가 길수록 족장의 권위가 높은 것을 뜻했기 때문에 점점 더 많은 모호새의 깃털을 원하게 되었지요. 그래서 1850년경 모호새 역시 멸종하고 말았어요.

드로 이동하여 성공적으로 뿌리를 내렸어요. 매우 뛰어난 수영 실력을 가졌지만, 알을 낳고 품는 마른 땅 위에서 이동하는 것은 매우 서툴렀고, 나는 법도 알지 못했어요. 17세기의 시작과 함께 선원들은 큰바다쇠오리의 한 무리를 통

아주 굼뜬 도도새는 인간의 사냥감이 되었어요.

째로 학살했어요. 램프의 연료로 사용하는 지방과 고기를 얻기 위해서였어요. 1844년 마지막까지 생존했던 큰바다쇠오리 한 쌍이 둥지에서 죽으면서 모두 사라졌어요.

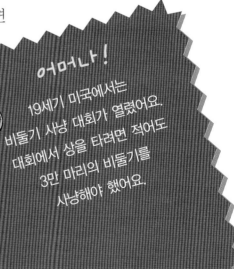

어머나!

19세기 미국에서는 비둘기 사냥 대회가 열렸어요. 대회에서 상을 타려면 적어도 3만 마리의 비둘기를 사냥해야 했어요.

왜 스텔러바다소는
슬픈 기록의
주인공일까요?

북태평양 베링 해에서 살았던
스텔러바다소는 인간에게 발
견된 뒤 가장 빨리 멸종한 동
물이라는 슬픈 기록을 남겼어
요. 1741년 선원들은 스텔러바
다소가 맛있다는 사실을 알게
되었어요. 그 결과 1768년, 그
러니까 최초로 발견된 지 27년
만에 모두 사라지고 말았어요.
인간의 욕심 때문에 말이에요.
이 거대한 바다 포유류는 인간
에게 발견되기 전까지 수백만
년 전부터 지구 북쪽 바다에
살고 있었어요.

오록스는 어떻게
사냥했을까요?

오록스는 중세 이전에 유럽에
서 살았던 들소를 말해요. 오록
스는 빙하기 이후에도 살아남
은 몇 안 되는 동물들 중 하나
였지요. 유럽과 북아메리카는

날씨가 점점 따뜻해지면서 숲
이 늘어났는데, 오록스는 그런
환경의 변화에도 잘 적응했어
요. 하지만 인간이 나타난 지
얼마 되지 않아 오록스는 사냥
감으로 인기를 끌게 되었어요.
중세시대의 왕들이 가장 좋아
하는 사냥감이어서 왕이 겨냥
하기 쉬운 곳에 붙잡아 두었지
요. 왕을 위한 몫은 마련해 놓
았지만, 자연을 위한 몫은 남겨
두지 않았던 거예요. 마지막 오
록스는 1627년 폴란드의 작토
로프스키 숲에서 죽어 갔어요.

왜 콰가얼룩말의 가죽은
치명적이었을까요?

콰가얼룩말은 아프리카 남부에
널리 퍼져 살았던 동물로, 몸의
반쪽만 얼룩무늬가 있고, 나머
지 반은 검은 가죽으로 되어 있
었어요. 콰가얼룩말은 동물을
기르며 살았던 원주민들과 평
화롭게 살아갔지요. 겁없는 콰
가얼룩말은 사자가 다가와도
용감하게 싸워서 원주민들을

지켜 주었어요. 하지만 17세기
에 이르러 유럽 사람들이 그 지
역에 들어오면서 콰가얼룩말을
잡아먹고 가죽을 비싼 값에 팔
기 시작했어요. 결국 콰가얼룩
말은 2세기가 흐른 뒤에 멸종
하고 말았어요.

왜 파란 영양은 그렇게
빨리 사라졌을까요?

아프리카 남부에서 살았던 '파
란 염소'로도 불리는 파란 영
양은 가죽이 은회색을 띠었어
요. 영양은 아프리카 목동들과
함께 사는 생활에 익숙했기 때
문에 유럽 사람들이 가까이 다
가와도 두려워하지 않았지요.
그래서 더 빨리 사라지고 말았
어요. 파란 영양의 가죽을 노
린 유럽 사람들의 사냥으로 인
해 30년 만에 멸종했어요.

왜 포클랜드늑대는 아무 이유 없이 죽었을까요?

포클랜드늑대는 남아메리카 포클랜드 제도에서 살았던 커다란 늑대였어요. 17세기에 섬에 들어온 유럽의 식민지 개척자들은 이 늑대의 크기에 놀란 나머지 총공격에 나섰고, 결국 1868년 마지막 한 마리까지 모두 죽여 버렸어요. 포클랜드늑대는 고기 한 덩이만 내밀면 꼬리를 흔들며 다가왔지요. 이 온순하고 얌전한 늑대는 선사시대 인간과 함께 생활한 가축의 후손일 것으로 여겨지고 있어요.

1800년경 사라진 파란 영양의 고기는 맛이 별로 없었어요. 그래서 고기가 아닌 가죽을 얻으려는 사냥꾼들의 제물이 되었지요. 유럽 사람들은 파란 영양을 사냥해서 가죽을 벗기고 나면 고기는 개들한테 던져 주곤 했어요.

주머니늑대는 어떻게 사냥했을까요?

주머니늑대는 선사시대에 오스트레일리아에서 살았던 동물이에요. 캥거루의 친척이며 늑대와 생김새가 비슷했지요. 매우 인상적인 턱을 가졌고, 거칠고 독립적인 성격으로 주로 밤에 사냥하는 습성이 있었어요. 1805년 처음 오스트레일리아로 건너온 영국 사람들은 그들의 공격을 두려워한 나

머지 독이 든 미끼를 이용하여 모두 잡아 버렸어요. 그 결과 1936년 마지막 주머니늑대까지 죽고 말았답니다.

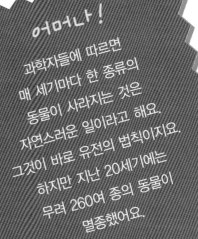

어머나!

과학자들에 따르면 매 세기마다 한 종류의 동물이 사라지는 것은 자연스러운 일이라고 해요. 그것이 바로 유전의 법칙이지요. 하지만 지난 20세기에는 무려 260여 종의 동물이 멸종했어요.

위험에 처한 동물들

일부 동물들은 현재 국제법에 의해 보호를 받고 있어요. 그래서 보호종을 사냥하거나 낚시하는 것이 금지되었지만, 사람들에 의해 여전히 밀렵이 행해지고, 생활 터전이 파괴되고 있지요. 숲을 없애고, 바닷물을 말리고, 강과 바다를 오염시키는 등 자연의 균형을 지키기보다 사림의 영역을 넓히기 위한 시도를 계속하기 때문이에요.

2007년 4,263종의 동물이 위험한 상황에 처해 있다는 발표가 있었어요. 그 가운데는 매우 심각한 멸종의 위협 아래 놓인 동물도 있었지요. 아무런 노력도 하지 않는다면, 그들은 가까운 시일 안에 멸종할 거예요. 이제부터 그런 위험에 빠진 동물들에 대해 알아보기로 해요.

왜 마운틴고릴라는 감기에 걸려 죽어 갈까요?

점점 더 춥고 습한 산으로 올라가야 하기 때문이에요. 마운틴고릴라는 보통 르완다와 우간다, 브룬디 국경 근처의 우거진 숲에서 생활해요. 하지만 사람들이 농경지를 만들고, 휴대폰에 사용되는 광물질인 콜탄을 캐는 탄광을 세우려고 숲을 없애 버렸어요. 또한 마운틴고릴라의 발과 머리가 집안에 행운을 불러온다고 믿는 사람들한테 매우 비싼 값에 팔리는 바람에 밀렵의 대상이 되고 있어요.

왜 시베리아호랑이는 위기에 처했을까요?

시베리아호랑이는 시베리아의 침엽수림 지대에 살고 있어요. 그 지역은 전 세계 숲 자원의 4분의 1을 차지하는 곳이에요. 하지만 침엽수는 종이의 원료로 사용되어서 매우 빠른 속도로 숲이 줄어들고 있지요. 숲이 없으면 호랑이는 살아갈 수 없어요. 벵골호랑이 역시 같은 이유로 위험한 상황에 처해 있어요. 아무런 조치가 취해지지 않는다면, 2020년경에는 더 이상 이 호랑이들을 볼 수 없을 거예요.

왜 아무도 백상아리는 걱정하지 않을까요?

백상아리는 평판이 그리 좋지 않아요. 하지만 실제로 백상아

가장 크고 가장 아름다운 고양잇과 동물인 시베리아호랑이는 400여 마리 정도만 남아 있을 뿐이에요.

강가의 진흙탕에 몸을 숨기고 사는 습성이 있는데, 사람들이 현대적인 둑을 건설하고 그 주변에 점점 더 많이 모여 살게 되면서 강물이 오염되어 갈 곳을 잃어버린 거예요. 전 세계적으로 많은 수의 악어가 같은 이유로 위험에 처해 있답니다.

왜 인도악어는 진짜로 눈물을 흘릴까요?

긴 주둥이를 가진 이 신기한 아시아의 악어는 현재 위험한 상황에 놓여 있어요. 인도와 파키스탄, 방글라데시, 네팔 등지의 강가에서 사는데, 현재 120마리 정도만 남아 있어요.

리가 인간을 공격하는 일은 흔치 않아요. 오히려 사람들이 농업 비료로 쓰이는 고기와 아시아 지역에서 약으로 쓰이는 지느러미, 눈과 이빨을 얻기 위해 백상아리를 쫓는 일이 많아졌지요. 2007년 그것을 경계하는 비상벨이 울렸어요. 백상아리의 조업을 멈추지 않는다면 이 세상에서 가장 큰 물고기가 사라질 수 있기 때문이에요.

어머나!

전 세계적으로 매년 1억 마리의 고래가 잡히고 있어요. 최근 15년간 백상아리의 수는 80%가 줄어들었어요. 현재와 같은 추세라면 백상아리는 3년 반 안에 모두 사라지고 말 거예요.

왜 나사뿔영양은 이제
자유롭게 살 수 없을까요?

이 영양은 넓은 사하라 지역에서 큰 무리를 지어 살았어요. 하지만 이제는 200마리밖에 남아 있지 않아 공원에서 생활해요. '스포츠 사냥'에 의해 대부분의 나사뿔영양이 희생되었기 때문이에요. 지프차에 탄 채 경기용 총으로 영양을 겨누어 맞히는 경기였지요. 알제리와 리비아에 살던 나사뿔영양은 관광객과 사막화에도 많은 영향을 받았어요.

왜 큰 박쥐는
위험한 상태일까요?

세계에서 가장 큰 박쥐는 날개를 펼친 길이가 1.5m에 이르는 것으로 기록되고 있어요. 멸종 위기에 있는 여러 박쥐 가운데 하나예요. 인도양의 마스카렌 제도에 살고 있는 이 박쥐는 매우 심각한 상황에 놓여 있어요. 현재 자연 상태에

남아 있는 박쥐는 350마리 정도예요. 사냥감이 되거나 산림 파괴로 인해 위협을 받고 있지요. 이 박쥐의 생존은 섬 사람들의 생활에 커다란 영향을 끼친답니다. 이 큰 박쥐가 과일을 먹으면서 수술의 화분을 암술에 옮기는 데 결정적인 역할을 해 주기 때문이에요. 따라서 이 박쥐가 멸종한다면, 섬의 생태계에 커다란 문제가 생길 거예요.

큰바다거북은
생존을 위해 어떻게
싸우고 있을까요?

바다에 비닐봉지를 버리면 절대 안 돼요. 바다거북이 비닐봉지를 해파리로 착각하여 삼킬 수 있고, 그것이 질식사의 원인이 되기 때문이에요. 또한 뒤로 헤엄칠 수 없는 거북은 일단 그물에 걸리면 되돌아 나오지 못하고 익사하고 말아요. 거북은 종종 물 밖으로 나와서 숨을 쉬어야 하는

데 말이에요. 아프리카에서는 거북의 등껍질을 얻기 위해 사냥하기도 해요.

왜 검은 코뿔소는 마음이
까맣게 타 버렸을까요?

검은 코뿔소는 2006년부터 서부 아프리카에 더 이상 살지 않는다는 공식 보고가 있었어요. 검은 코뿔소를 사냥하는 것은 금지되었지만, 여전히 뿔을 노린 밀렵이 계속되고 있지요. 검은 코뿔소를 구하기 위해 무장한 경비를 세우고 뿔을 없애려는 시도를 했지만, 밀렵꾼들은 뿔이 있는 코뿔소와 없는 코뿔소를 착각하거나 시간을 아끼기 위해서 마구잡이로 사냥했어요.

인간은 어떻게
독개구리를 파괴할까요?

약한 독성을 가진 이 개구리는 아마존에 살고 있어요. 하지만 그 지역의 산림이 많이 파괴되면서 독개구리의 삶의 터전이

큰바다거북의 서식지가 관광객들과 해안가 주택들에 의해 위협받고 있어요.

을 지나는 화물선 때문에 음파를 탐지하는 데 큰 방해를 받았어요. 결국 산샤댐 건설이 돌고래와의 생존 싸움에서 승리했지요. 양쯔강돌고래는 2007년 8월 공식적으로 멸종했어요. 이 고래는 인간의 잘못으로 인해 사라진 역사상 최초의 고래예요.

위협받고 있지요. 또 서양에서는 장식의 용도로 많이 찾고 있는데, 독개구리는 갇혀서는 잘 살지 못해요. 이 개구리의 멸종이 더 안타까운 이유는 매우 빠른 속도로 번식하는 독성이 있는 곤충들을 잡아먹기 때문이에요.

왜 양쯔강돌고래는 사라져 버렸을까요?

중국의 양쯔강에서 살던 돌고래는 강물의 오염과 그물, 강

어머나 !

유럽에는 매우 위험한 환경에 놓인 두 동물이 있어요. 하나는 150여 마리밖에 남지 않은 스페인의 스라소니이며, 다른 하나는 지중해에 살고 있는 몽크바다표범이에요. 현재 200여 마리 정도 남아 있어요.

연약한 생존자

- 흔치 않은 동물들 가운데 거의 멸종에 이른 동물도 있어요.

- 멸종 위기의 동물을 보호하는 국가와 세계자연보호기금(WWF) 같은 동물보호단체들의 노력이 계속되면서, 문제를 다 해결하지는 못했지만 새로이 개체수가 조금씩 늘어나는 동물들도 있어요.

- 보호 동물의 대부분은 오랫동안 멸종 위기에 속해 있던 동물들이에요. 그들이 생존해 온 시간만큼 오랫동안 동물들을 보호하는 인간의 노력이 계속된다면 참으로 좋은 결과가 있을 거예요.

프르제발스키말은 어떻게 자유를 되찾았을까요?

이 야생마는 유일하게 선사시대부터 살아왔어요. 1만 년 전 몽골족의 배를 타고 유럽으로 건너왔지만, 수많은 사냥꾼의 공격을 받아 1970년대에는 몇몇 동물원에만 남아있는 신세가 되었지요. 그래서 프랑스에서는 그들을 자연으로 돌려보내기 위한 작은 단체를 조직했어요. 그리고 2004년 10년의 노력 끝에 마침내 열두 마리의 프르제발스키말이 몽골로 돌아가 자유로이 달리게 되었답니다.

왜 판다는 희망의 상징이 되었을까요?

가죽을 노리는 사냥과 대나무 숲의 벌채로 위기에 빠졌던 판다는 20년 전 거의 멸종 위기에 처했어요. 하지만 중국과 티벳의 보호법과 특별 밀렵단속반이 판다의 생활을 계속 추적하면서 상황은 점점 좋아지고 있어요. 지금은 1,600마리 정도의 판다가 자연 상태에서 생활하고 있어요.

'뼈를 부러뜨리는 새'가 어떻게 우리 곁으로 다시 돌아왔을까요?

수염수리는 20세기 초 프랑스의 산에서 사라졌어요. 수염수리는 먹이를 산 중턱에 던져 깨뜨리면서 공포를 조성했지요. 사냥할 때도 동정심이라고는 찾아볼 수 없었어요. 이 잔인한 사냥꾼은 죽은 동물들의 시체를 치워서 자연을 깨끗하게 유지하는 데 도움을

어떻게 들소는 다시 고개를 들었을까요?

유럽의 들소는 중세시대 내내 인간의 사냥감이 되었어요. 그 때문에 숫자가 줄어들자 들소를 야생으로 되돌려 보내자는 운동이 벌어졌지요. 오늘날 3,000마리의 들소가 유럽에 살고 있으며, 그 가운데 수백 마리는 폴란드의 비알로비에자 숲에서 자유롭게 풀을 뜯고 있어요.

주었어요. 1986년 시작된 복원 프로그램으로 137마리의 수염수리가 다시 알프스 산으로 돌아왔어요.

면서 1741년 1백만 마리에서 1911년 1,000마리로 줄어들었어요. 그래서 해달 사냥이 금지되었고, 1970년부터는 북아메리카에서 대대적인 복원 프로그램이 실행되었지요. 그 결과 지금은 15만 마리의 해달이 북태평양에 살고 있어요.

어떻게 해달이 다시 바다에서 놀 수 있게 되었을까요?

해달(바다수달)은 촘촘한 가죽 때문에 사냥꾼들의 표적이 되

어머나!

스위스에서는 2007년 3월 말 그라우뷘덴 지역의 오펜 골짜기에서 수염수리가 알을 깨고 태어났어요. 그것은 스위스에서는 122년 만에 처음 이루어진 성과였답니다.

찾아보기

이자벨 보몽 기획
논픽션 책을 기획하고 글을 쓰는 어린이책 작가예요.
책을 통해 초등학생뿐 아니라 미취학 어린이들이 꼭 배워야 하는 지식을 쉽게 알려 주지요.
작품으로는 '발견 시리즈'와 '꼬마 그림 사전 시리즈' 등이 있어요.

에마뉘엘 파루아시앵 글
유명한 어린이책 작가예요. 특히 「자연」「생태」「동물」「스포츠」「이집트」 등 초등학생을 위한 논픽션 책과
부모님을 위한 자녀 교육 지침서 「갈등 없이 자녀를 키우는 법」 등이 잘 알려져 있어요.

베르나르 알뤼니 · 마리 크리스틴 르메이외 · 이브 르케슨 그림
어린이책, 특히 논픽션 책에 그림을 그리는 작가들이에요. 과학적이고도 재치가 넘치는 그림으로
자칫 어렵고 딱딱하게 느껴질 수 있는 내용을 쉽게 이해할 수 있도록 도와주지요.
작품으로는 「자연」「생태」「동물」「스포츠」「바다」「문명」「산맥」 등 여러 권이 있어요.

과학상상 옮김
이화여자대학교와 대학원에서 불문학을 공부하면서 어린이책을 번역하는 모임이에요.
내용이 충실하고 수준 높은 논픽션 책을 소개하고 알리기 위해 번역을 시작했어요.
「우주」「공룡」「환경」「자연」「에너지」 등 지식의 발견 시리즈를 우리말로 옮겼어요.